高等职业教育校企合作系列教材·大数据技术与应用专业

HBase分布式数据库技术与应用

姚晓峰　章　伟　曾庆玲◎主　编
包莹莹　武利秀　王华君◎副主编

中国铁道出版社有限公司
CHINA RAILWAY PUBLISHING HOUSE CO., LTD.

内 容 简 介

本书采用模块化的编写思路，系统介绍了 HBase 的架构、安装环境以及实战应用。全书共分 6 个单元和（19 个任务），每个单元通过学习目标与学习情境引出本单元的教学核心内容，明确教学任务。每个任务的编写分为任务目标、知识学习和任务实施 3 个环节，使学生在学习过程中逐步达到理论和实践相统一的目的。全书采用 Java 语言操作 HBase，要求学生有一定的 Java 编程基础。

本书适合作为高等职业院校大数据技术与应用专业的基础核心教材，也可作为计算机相关专业大数据选修课程的教材，以及 HBase 基础入门培训班的参考用书。

图书在版编目（CIP）数据

HBase分布式数据库技术与应用/姚晓峰，章伟，曾庆玲主编. —北京：中国铁道出版社有限公司，2021.2 （2024.1重印）
高等职业教育校企合作系列教材.大数据技术与应用专业
ISBN 978-7-113-27663-8

Ⅰ.①H… Ⅱ.①姚…②章…③曾… Ⅲ.①分布式数据库-数据库系统-高等职业教育-教材 Ⅳ.①TP311.133.1

中国版本图书馆CIP数据核字(2020)第263142号

书　　名：HBase 分布式数据库技术与应用
作　　者：姚晓峰　章　伟　曾庆玲

策　　划：翟玉峰　　　　**编辑部电话：**（010）51873135
责任编辑：翟玉峰
封面设计：郑春鹏
责任校对：焦桂荣
责任印制：樊启鹏

出版发行：中国铁道出版社有限公司（100054，北京市西城区右安门西街 8 号）
网　　址：http://www.tdpress.com/51eds/
印　　刷：三河市国英印务有限公司
版　　次：2021 年 2 月第 1 版　2024 年 1 月第 5 次印刷
开　　本：787 mm × 1 092 mm　1/16　**印张：**11.5　**字数：**262 千
书　　号：ISBN 978-7-113-27663-8
定　　价：35.00 元

前言

一、缘起

HBase作为非关系型数据库的代表，为什么能在关系型数据库如日中天的时期悄然兴起呢？从系统架构的角度来说，传统企业级应用都是比较看重数据完整性和数据安全性的，而互联网应用则更加看重系统性能以及伸缩性。HBase就是一个面向列存储的分布式存储系统，它的优点在于可以实现高性能的并发读/写操作，同时HBase还会对数据进行透明的切分，这样就使得存储本身具有了水平伸缩性。

作为Apache旗下的一种Hadoop数据库，HBase是高性能、高可靠性、分布式、面向列、可伸缩的、随机访问的存储和检索数据的平台。利用HBase技术可在廉价的PC服务器上搭建大规模的存储化集群，可以对大数据进行高性能的实时读写，同时保证数据的原子性。

2006年，谷歌的技术人员发表了BigTable文章，提出了“分布式的数据库”的概念。2007年，Powerset公司研发了HBase，它是在Hadoop中成立的。2008年，Hadoop成为Apache的顶级项目，而HBase是Hadoop的子项目，并与2008年至2009年期间，推出了HBase 0.18.1、HBase 0.19.0、HBase 0.20.0版本，性能逐渐提升。2010年前后，HBase研发者打破一直依赖的Hadoop版本号，版本号从0.20.x跳到0.89.x，并将0.89.x作为第一个单独的开发版本。

二、结构

本书采用模块化的编写思路，系统介绍HBase的架构、安装环境以及实战应用，共分为6个单元（19个任务）。

每个单元通过学习目标引出本单元的教学核心内容，明确教学任务。每个任务的编写分为任务目标、知识学习和任务实施3个环节。

任务目标：简述任务目标。

知识学习：详细讲解知识点，为学生实践打下坚实的基础。

任务实施：通过系列实例实践，边学边做；通过任务综合应用所学知识，提高学生系统地运用知识的能力；在任务实施的基础上通过“学、仿、做”达到理论与实践的统一、知识内化的教学目的。

单元最后进行单元小结和课后习题，进而加强学生对于本单元的知识巩固，并且进一步明确本单元的教学重点和教学难点。

三、特点

本书首先介绍了HBase分布式数据库的架构以及各组件的作用，然后从实践入手介绍HBase环境安装和HBase技术的实战应用。本书具有如下特点：

• 采用“知识学习+任务驱动”的编写模式。每个任务首先明确所要处理的问题，然后带着问题学习相关知识，在掌握基础知识的基础上，利用任务驱动的模式让学生完成实际应用，从而有效地完成理论与实践的统一。此模式可以让学生领悟到从问题导入到理论准备再到问题求解的过程，从而更深刻地学习每个知识点。

• 内容精简优化。本书以HBase入门与培训为导向对教学内容进行精简和精心设计，并以“实用性和容易上手”为主旨，主要讲解HBase的基础知识，涵盖HBase安装环境搭建、HBase的架构以及HBaseShell的使用。重点针对HBase的实战应用，涵盖HBase客户端API、HBase Admin API、HBase与MapReduce以及HBase预分区四大核心模块。

• 针对性和实用性强。本书是HBase入门的最佳选择，适合作为高等职业教育大数据技术与应用专业的基础核心教材，也可作为计算机相关专业大数据选修课程的教材。全书采用“任务驱动”的模式进行讲解，使学生在学习过程中逐步达到理论和实践相统一的目的。全书采用Java语言操作HBase，要求学生有一定的Java编程基础。

• 学习资源推荐。为方便学生更好地完成HBase的学习，从而更有效地提高学生的学习积极性和学习效果。本书配套有资源包、运行脚本、教学课件等，可登录http://www.1daoyun.com下载。

四、使用

本书的参考学时为64学时，建议采用理论实践一体化教学模式。教学单元与学时安排如下：

表1　教学单元与课时安排

序　号	单元名称	学时安排
1	HBase 简介	4
2	HBase 基本操作	12
3	HBase 客户端 API	16
4	HBaseAdmin API	8
5	HBase 与 MapReduce	12
6	HBase 预分区	12
学时总计		64

五、致谢

本书由姚晓峰、章伟、曾庆玲任主编，包莹莹、武利秀、王华君任副主编，并联合江苏一道云科技发展有限公司共同编写而成。其中，姚晓峰、章伟负责整个教材的框架设计，以及单元1和单元6的编写，包莹莹负责单元2和单元3的编写，王华君、武利秀负责单元4和单元5的编写；曾庆玲负责整个教材内容方面的审核和提供建设性意见。

在本书编写过程中，虽然编者已尽可能做到更好，但由于搭建环境的复杂性，书中疏漏和不妥之处在所难免，殷切希望广大读者批评指正。同时，恳请读者一旦发现错误，于百忙之中及时与编者联系（E-mail: djyxf@163.com），以便尽快更正，编者将不胜感激。

编　者

2020年9月

目录

单元 1 HBase 简介

大数据的概念在不断地发酵，进入这个领域的人也越来越多。在大数据的领域内，HBase的概念已成为企业和求学者都需要关注的一个重点。

HBase是一个分布式的、面向列的开源数据库，该技术来源于Fay Chang所撰写的Google（谷歌）论文“BigTable：一个结构化数据的分布式存储系统”。就像BigTable利用了Google文件系统所提供的分布式数据存储一样，HBase在Hadoop之上提供了类似于BigTable的能力。HBase-Hadoop Database是一个高可靠性、高性能、面向列、可伸缩的分布式存储系统。利用HBase技术可在廉价PC服务器上搭建起大规模结构化存储集群。HBase可以支持千万的QPS（Queries Per Second，每秒查询率）、PB级别的存储，这些都已经在生产环境和广大的公司验证。特别是阿里、小米、京东、滴滴内部都有成千上万台的HBase集群。要尽量选择大公司的技术，大公司会投入大量的人力去维护、改进、贡献社区。

学习目标

视频

HBase简介

【知识目标】

- 理解HBase架构。
- 掌握HBase架构中各组件的作用。
- 掌握HBase数据读/写流程。

【能力目标】

- 能够安装和配置Hadoop集群的环境。
- 能够安装和配置Zookeeper集群的环境。
- 能够安装和配置HBase的环境。
- 能够掌握探索式学习方法，学习Linux基本知识。

任务 1.1　安装环境搭建

任务目标

① 掌握Hadoop集群安装和环境配置。

② 掌握Zookeeper安装和环境配置。

③ 掌握HBase安装和环境配置。

④ 掌握Java安装和环境配置。

知识学习

HBase是Apache Hadoop中的一个子项目。HBase依托于Hadoop的HDFS（分布式文件系统）作为最基本的存储基础单元。通过使用Hadoop的HDFS工具就可以看到这些数据存储文件夹的结构，还可以通过Map/Reduce的框架（算法）对HBase进行操作。HBase在产品中还包含了Jetty（开源的servlet容器），在HBase启动时采用嵌入式的方式来启动Jetty，因此可以通过Web界面对HBase进行管理和查看当前运行的一些状态，非常轻巧。像人们平时使用的MySQL可以存储的数量级为几千万条数据；Oracle数据库可以达到亿级别数据量；而HBase是分布式的，不管有多少数据量，只要集群磁盘容量足够，就可以存储下来。

本书中的环境部署：节点操作系统为CentOS 7，防火墙禁用。系统用户root在目录/opt下创建目录/module，用于存放Hadoop、Zookeeper、HBase组件运行包。该目录用于安装Hadoop、HBase等组件程序。

任务实施

1. 安装前环境配置

启动HBase需要先启动Hadoop DFS集群，启动YARN集群，最好使用外置的Zookeeper集群。本书中的HBase环境基于Hadoop 2.7.2、Zookeeper 3.4.10、HBase 1.3.3。一共需要搭建3个节点：1个主节点、2个从节点。在安装之前需要配置好虚拟机网络静态IP，同步时间，关闭防火墙和使用Linux SSH（安全Shell）。按照下面设立Linux环境提供的步骤，本次采用的系统为CentOS-7-x86_64 64位、单核、2 GB内存。其中3个节点分别取名为slave0、slave1、slave2。

（1）配置虚拟机网络模式

① 虚拟机网络模式设置为NAT模式。选中slave0节点，右击，在弹出的快捷菜单中选择“设置”命令，如图1-1所示。

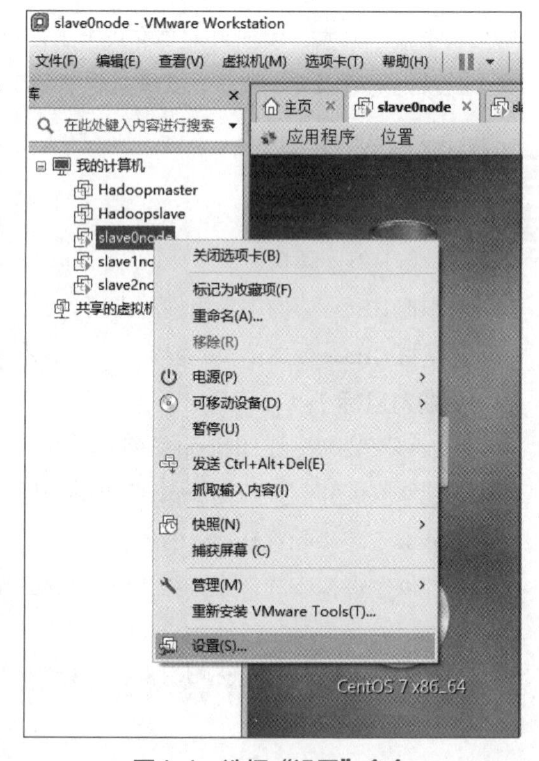

图1-1 选择“设置”命令

在“虚拟机设置—硬件—网络适配器”中进行设置，如图1-2所示。

图1-2 设置网络适配器

② 使用如下命令重启系统。

```
[root@slave0 ~]# reboot
```

（2）配置虚拟机静态IP

① 使用ifconfig命令查看安装的系统CentOS 7网段，查询结果是192.168.226.130，如图1-3所示。

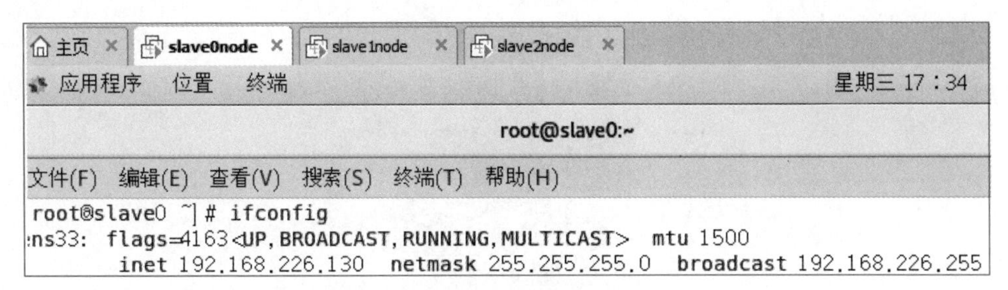

图1-3 查询网段

② 配置虚拟机网络同样的网段，选择“编辑”→“虚拟网络编辑器”命令进行配置，如图1-4所示。

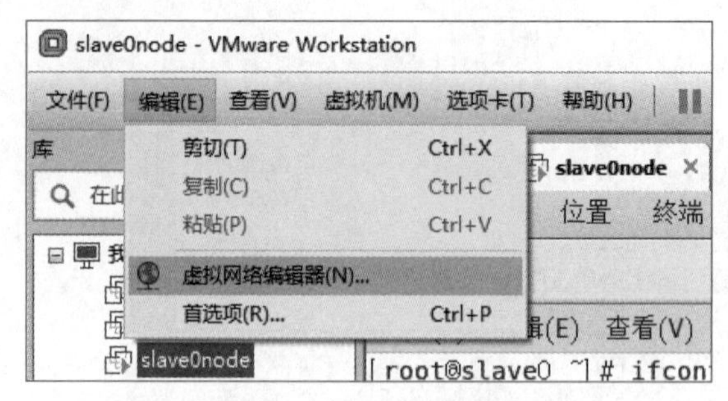

图1-4　选择“虚拟网络编辑器”命令

③ 进入编辑器之后，设置DHCP的子网IP为192.168.226.0，如图1-5所示。

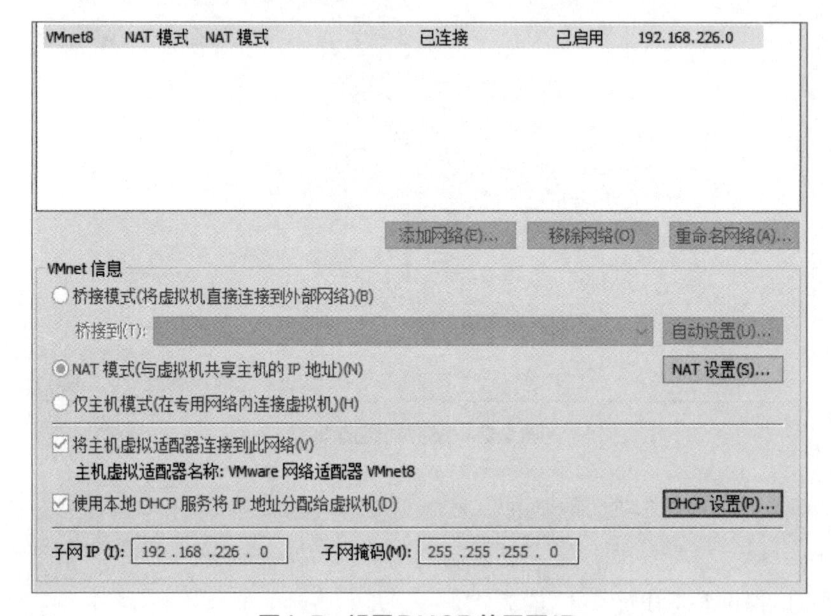

图1-5　设置DHCP的子网IP

④ 在Windows中设置虚拟机的网络配置，如图1-6所示。

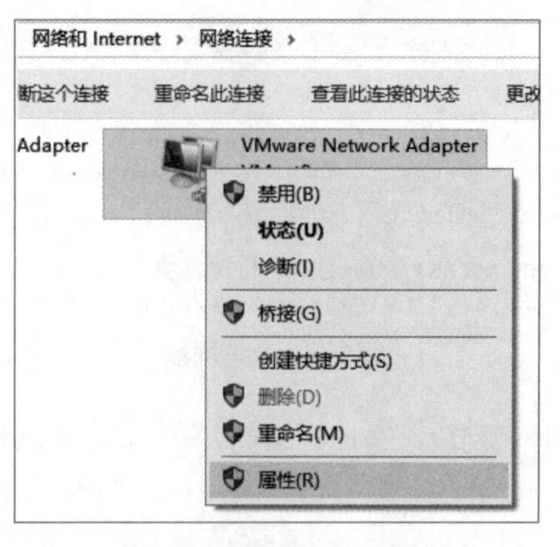

图1-6　设置虚拟机的网络

⑤ 设置Internet协议版本4（TCP/IPv4）属性，如图1-7所示。

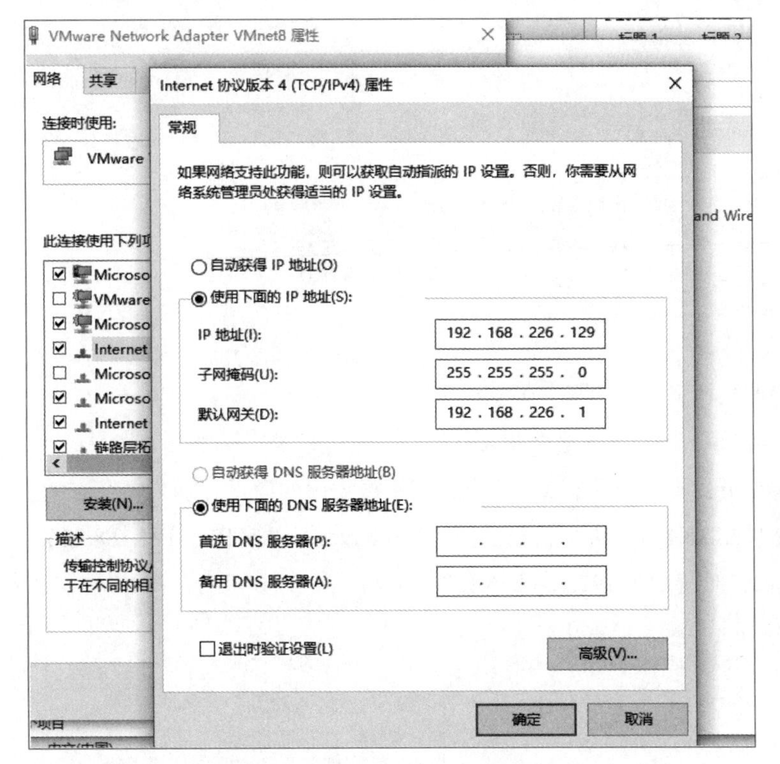

图1-7　设置Internet协议版本4（TCP/IPv4）属性

至此，能够保证虚拟机跟Windows系统共用Internet网络。

⑥ 配置CentOS7系统的静态IP。

• 修改主机名：

```
[root@slave0 ~]# vi /etc/sysconfig/network
```

修改内容如下：

```
# Created by anaconda
NETWORKING=yes
HOSTNAME=slave0
```

• 修改IP地址：

```
[root@slave0 ~]# vi /etc/sysconfig/network-scripts/ ifcfg-ens33
```

修改内容如下：

```
TYPE=Ethernet
PROXY_METHOD=none
BROWSER_ONLY=no
BOOTPROTO=static
IPADDR=192.168.226.130
NETMASK=255.255.255.0
GATEWAY=192.168.226.1
```

```
DNS1=192.168.226.1
DEFROUTE=yes
IPV4_FAILURE_FATAL=no
IPV6INIT=yes
IPV6_AUTOCONF=yes
IPV6_DEFROUTE=yes
IPV6_FAILURE_FATAL=no
IPV6_ADDR_GEN_MODE=stable-privacy
NAME=ens33
UUID=887a3c95-e7a8-4ba1-b5f8-f972f9f4426d
DEVICE=ens33
ONBOOT=yes
```

• 修改IP地址和主机名的映射关系：

```
[root@slave0 ~]# vi /etc/hosts
```

修改内容如下：本书中共有3个节点，网络规划中的设置分别为主节点的主机名为slave0，对应IP为192.168.226.130；从节点1的主机名为slave1，对应IP是192.168.226.131；从节点2的主机名为slave2，对应IP是192.168.226.132。

```
192.168.226.130 slave0
192.168.226.131 slave1
192.168.226.132 slave2
```

• 关闭防火墙：

```
[root@slave0 ~]# systemctl stop firewalld.service
[root@slave0 ~]# systemctl disable firewalld.service
```

按照以上步骤把slave1、slave2两台机器配置好静态IP地址。

（3）SSH设置和密钥生成

SSH设置需要在集群上执行不同的操作，如启动、停止和分布式守护Shell操作。进行身份验证不同的Hadoop用户，需要一种用于Hadoop的用户提供的公钥/私钥对，并使不同的用户共享。以下的命令被用于生成使用SSH密钥值对。复制公钥id_rsa.pub为authorized_keys，并提供所有者，读写权限到authorized_keys文件。

```
$ ssh-keygen -t rsa
$ cat ~/.ssh/id_rsa.pub >> ~/.ssh/authorized_keys
$ chmod 0600 ~/.ssh/authorized_keys
```

验证SSH：

```
ssh localhost
```

2. Java安装

Java是应用Hadoop和HBase的主要先决条件。首先应该使用java –version命令检查Java是否存在系统中。java -version命令的示例如下：

```
[root@slave0 ~]#  java -version
```

如果一切正常，会得到如下代码：

```
java version "1.7.0_79"
Java(TM) SE Runtime Environment (build 1.7.0_79-b15)
Java HotSpot(TM) 64-Bit Server VM (build 24.79-b02, mixed mode)
```

如果Java还没有安装在系统中，需要按照下面给出的步骤安装Java。

① 可以通过访问以下链接下载JDK – X64.tar.gz。https://www.oracle.com/technetwork/java/javase/downloads/index.html。

② 安装JDK。将下载的jdk-7u79-linux-x64.gz文件上传到CentOS 7系统目录/opt/software下。使用下面的命令提取到目录/opt/module中。

```
[root@slave0 ~]# tar -zxvf jdk-7u79-linux-x64.gz -C /opt/module/
```

接下来设置环境变量。在/etc/profile文件最后追加相关内容：

```
[root@slave0 ~]# vi /etc/profile
```

追加内容如下：

```
#JAVA_HOME
export JAVA_HOME=/opt/module/jdk1.7.0_79
export PATH=$PATH:$JAVA_HOME/bin
```

刷新环境变量，命令如下：

```
[root@slave0 ~]# source /etc/profile
```

至此Java环境配置完毕，测试是否可用。

```
[root@slave0 ~]#  java -version
```

3. Hadoop安装

（1）下载安装Hadoop

下载Hadoop-2.7.2。可以通过访问链接https://hadoop.apache.org/releases.html进行下载。将下载的hadoop-2.7.2.tar.gz上传到目录/opt/software下。通过以下命令解压到目录/opt/module中。

```
[root@slave0 ~]# tar -zxvf hadoop-2.7.2.tar.gz -C /opt/module/
```

（2）配置Hadoop环境变量

在/etc/profile文件最后追加相关内容：

```
[root@slave0 ~]# vi /etc/profile
```

追加内容如下：

```
#HADOOP_HOME
export HADOOP_HOME=/opt/module/hadoop-2.7.2
export PATH=$PATH:$HADOOP_HOME/bin
export PATH=$PATH:$HADOOP_HOME/sbin
```

（3）配置Hadoop的hadoop-env.sh文件

修改hadoop-env.sh文件中JAVA_HOME路径：

```
export JAVA_HOME=/opt/module/jdk1.7.0_79
```

（4）配置Hadoop的集群

集群的部署规划，如表1-1所示，将HDFS集群中NameNode设置在slave0节点。SecondaryNameNode设置在slave2节点。YARN集群中ResourceManager设置在slave1节点。这样分开设计的目的是为了避免一个节点宕机，全部工作不能进行下去的问题。

表1-1　集群部署规划

—	slave0	slave1	slave2
HDFS	NameNode DataNode	DataNode	SecondaryNameNode DataNode
YARN	NodeManager	ResourceManager NodeManager	NodeManager

按照表1-1，配置下面这些文件。

① core-site.xml文件：

```
<!-- 指定HDFS中NameNode的地址 -->
    <property>
        <name>fs.defaultFS</name>
        <value>hdfs://slave0:9000</value>
    </property>
    <!-- 指定hadoop运行时产生文件的存储目录 -->
    <property>
        <name>hadoop.tmp.dir</name>
        <value>/opt/module/hadoop-2.7.2/data/tmp</value>
    </property>
```

② hdfs-site.xml文件：

```
<configuration>
    <property>
        <name>dfs.replication</name>
        <value>3</value>
    </property>
    <property>
        <name>dfs.namenode.secondary.http-address</name>
        <value>slave2:50090</value>
    </property>
</configuration>
```

③ slaves：

```
slave0
slave1
slave2
```

④ yarn-env.sh文件：

```
export JAVA_HOME=/opt/module/jdk1.7.0_79
```

⑤ yarn-site.xml文件：

```
<configuration>
<!-- Site specific YARN configuration properties -->
<!-- reducer 获取数据的方式 -->
    <property>
        <name>yarn.nodemanager.aux-services</name>
        <value>mapreduce_shuffle</value>
    </property>
<!-- 指定 YARN 的 ResourceManager 的地址 -->
    <property>
        <name>yarn.resourcemanager.hostname</name>
        <value>slave1</value>
    </property>
    </configuration>
```

⑥ mapred-env.sh文件：

```
export JAVA_HOME=/opt/module/jdk1.7.0_79
```

⑦ mapred-site.xml文件：

```
<configuration>
<!-- 指定 mr 运行在 yarn 上 -->
    <property>
        <name>mapreduce.framework.name</name>
        <value>yarn</value>
    </property>
</configuration>
```

接下来，在集群上分发以上所有文件。

（5）Hadoop集群启动

① 如果集群是第一次启动，需要格式化NameNode：

```
[root@slave0 hadoop-2.7.2]# bin/hdfs namenode -format
```

② 启动HDFS：

```
[root@slave0 hadoop-2.7.2]# sbin/start-dfs.sh
```

③ 启动Yarn：

```
[root@slave1 hadoop-2.7.2]# sbin/ sbin/start-yarn.sh
```

注意：教材中NameNode和ResourceManger不是同一台机器，不能在NameNode上启动Yarn，应该在ResouceManager所在的机器slave1上启动Yarn。

至此，Hadoop的安装配置完毕。

4. Zookeeper安装

（1）下载安装Zookeeper

下载zookeeper-3.4.10.tar.gz，上传到目录/opt/software下。通过以下命令解压到目录/opt/module中。

```
[root@slave0 ~]# tar -zxvf zookeeper-3.4.10.tar.gz -C /opt/module/
```

（2）配置Zookeeper环境变量

在/etc/profile文件最后追加相关内容。

```
[root@slave0 ~]# vi /etc/profile
```

追加内容如下：

```
#ZOOKEEPER
export ZOOKEEPER_HOME=/opt/module/zookeeper-3.4.10
export PATH=$PATH:$ZOOKEEPER_HOME/bin
```

（3）在/opt/module/zookeeper-3.4.10/目录下创建data/zkData

```
[root@slave0 zookeeper-3.4.10]#  mkdir -p data/zkData
```

（4）重命名/opt/module/zookeeper-3.4.10/conf目录下的zoo_sample.cfg为zoo.cfg

```
[root@slave0 conf]#  mv zoo_sample.cfg  zoo.cfg
```

（5）配置zoo.cfg文件

```
dataDir=/opt/module/zookeeper-3.4.10/data/zkData
### 增加如下配置
######################cluster#########################
server.1=slave0:2888:3888
server.2=slave1:2888:3888
server.3=slave2:2888:3888
```

（6）配置Zookeeper集群

① 在/opt/module/zookeeper-3.4.10/data/zkData目录下创建一个myid的文件。

```
[root@slave0 zkData]#  touch myid
```

编辑myid文件，在文件中添加与server对应的编号：如1。

② 分发配置好的Zookeeper到其他机器上，并分别修改myid文件中内容为2、3。

③ 分别启动Zookeeper：

```
[root@slave0 zookeeper-3.4.10]# bin/zkServer.sh start
[root@slave1 zookeeper-3.4.10]# bin/zkServer.sh start
[root@slave2 zookeeper-3.4.10]# bin/zkServer.sh start
```

接下来，在集群上分发以上所有文件。

至此，Zookeeper的安装配置完毕。

5. HBase安装

（1）下载安装Zookeeper

下载zookeeper-3.4.10.tar.gz，上传到目录/opt/software下。通过以下命令解压到目录/opt/module中。

```
[root@slave0 ~]# tar -zxvf zookeeper-3.4.10.tar.gz -C /opt/module/
```

（2）配置HBase环境变量

在/etc/profile文件最后追加相关内容。

```
[root@slave0 ~]# vi /etc/profile
```

追加内容如下：

```
#HBASE_HOME
export HBASE_HOME=/opt/module/hbase-1.3.3
export PATH=$PATH:$HBASE_HOME/bin
```

（3）修改HBase的配置文件

① hbase-site.xml文件：

```
<configuration>
    <property>
        <name>hbase.master.maxclockskew</name>
        <value>180000</value>
    </property>
    <property>
        <name>hbase.rootdir</name>
        <value>hdfs://slave0:9000/hbase</value>
    </property>
    <property>
        <name>hbase.cluster.distributed</name>
        <value>true</value>
    </property>
    <property>
        <name>hbase.zookeeper.property.dataDir</name>
        <value>/opt/module/zookeeper-3.4.10/data/zkData</value>
    </property>
    <property>
        <name>hbase.zookeeper.quorum</name>
        <value>slave0,slave1,slave2</value>
    </property>
</configuration>
```

② hbase-env.sh文件：

```
export JAVA_HOME=/opt/module/jdk1.7.0_79
export HBASE_MANAGES_ZK=false
```

③ regionservers：

```
slave0
slave1
slave2
```

（4）将Hadoop配置文件复制到HBase的conf目录下

将Hadoop的配置文件core-site.xml和hdfs-site.xml复制到HBase的conf目录下，接下来在集群上分发以上所有文件。

（5）启动、停止HBase集群

启动命令：

```
$ bin/start-hbase.sh
```

对应的停止命令：

```
$ bin/stop-hbase.sh
```

至此，HBase集群的安装配置完毕。

任务1.2　理解HBase架构

任务目标

① 了解HBase的架构。

② 掌握HBase数据的读写流程。

知识学习

1. HBase架构

HBase是建立在Hadoop文件系统之上的分布式面向列的数据库。HBase是一个数据模型，可以提供快速随机访问海量结构化数据。它利用了Hadoop的文件系统（HDFS）提供的容错能力。它是Hadoop的生态系统，提供对数据的随机实时读/写访问，是Hadoop文件系统的一部分。HBase和HDFS的对比如表1-2所示。

表1-2　HBase和HDFS对比

HBase	HDFS
建立在HDFS之上的数据库	适于存储大容量文件的分布式文件系统
提供在较大的表快速查找	不支持快速单独记录查找
提供了数十亿条记录低延迟访问单个行记录（随机存取）	提供了高延迟批量处理；没有批处理概念
内部使用哈希表和提供随机接入，并且其存储索引，可对在HDFS文件中的数据进行快速查找	提供的数据只能顺序访问

HBase是一个面向列的数据库，在表中它由行排序。表模式只能定义列族，也就是键值对。一个表有多个列族，每一个列族可以有任意数量的列。后续列的值连续地存储在磁盘上。表中的每个单元格值都具有时间戳。总之，在一个HBase中表是行的集合，行是列族的集合，列族是列的集合，列是键值对的集合。

在HBase中，表被分割成区域，并由区域服务器提供服务。区域被列族垂直分为Stores，Stores被保存在HDFS文件。图1-8为HBase的架构。

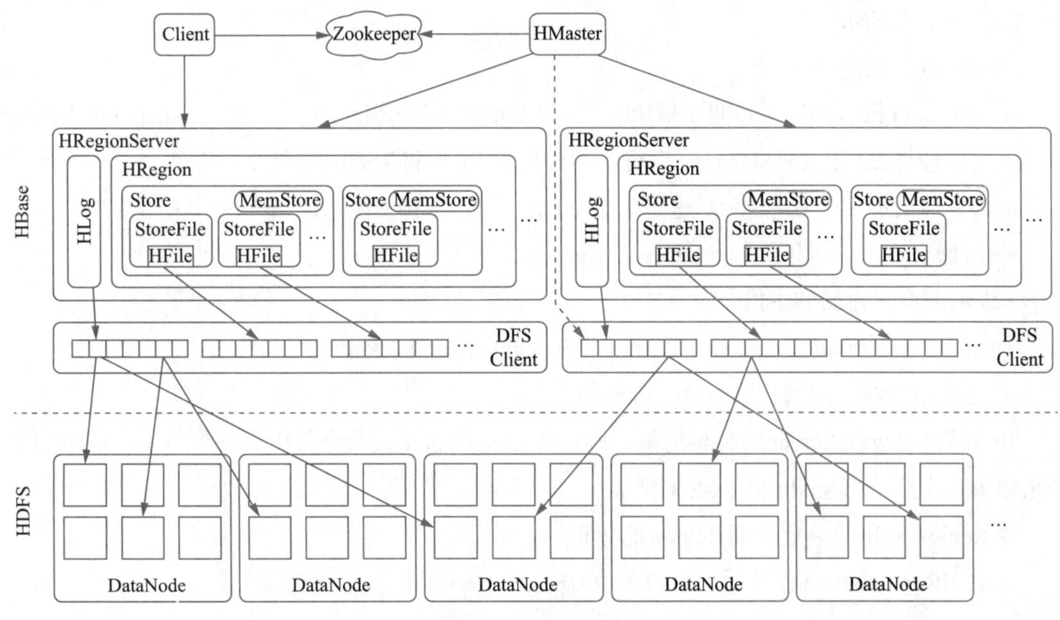

图1-8 HBase的架构

HBase的体系结构是一个主从式的结构。主节点HMaster在整个集群当中只有一个在运行，从节点HRegionServer有很多个在运行。主节点HMaster与从节点HRegionServer实际上指的是不同的物理机器，即有一个机器上面运行的进程是HMaster，很多机器上面运行的进程是HRegionServer。HMaster没有单点问题，HBase集群当中可以启动多个HMaster，但是通过Zookeeper的事件处理机制保证整个集群当中只有一个HMaster在运行。

（1）HBase架构中的客户端Client

客户端有以下几点作用：

① 整个HBase集群的访问入口。

② 使用HBase RPC机制与HMaster和HRegionServer进行通信。

③ 使用HMaster进行通信和管理类操作。

④ 与HRegionServer进行数据读/写类操作。

⑤ 包含访问HBase的接口，并维护cache来加快对HBase的访问。

（2）协调服务组件Zookeeper

Zookeeper的作用如下：

① 保证任何时候，集群中只有一个HMaster。

② 存储所有的HRegion的寻址入口。

③ 实时监控HRegionServer的上线和下线信息，并实时通知给HMaster。

④ 存储HBase的Schema和Table元数据。

⑤ Zookeeper Quorum存储-ROOT-表地址、HMaster地址。

（3）主节点HMaster

HMaster的主要功能如下：

① HMaster没有单节点问题，HBase中可以启动多个HMaster，通过Zookeeper的Master Election机制保证总有一个Master在运行，主要负责Table和Region的管理工作。

那么如何启动多个HMaster？这需要通过hbase-daemons.sh启动。步骤如下：

- 在hbase/conf目录下编辑backup-masters。
- 编辑内容为自己的主机名。
- 保存后，执行命令bin/hbase-daemons.sh start master-backup。

② 管理用户对表的增、删、改、查操作。

③ 管理HRegionServer的负载均衡，调整Region分布（在命令行中有一个tools，tools这个分组命令其实全部都是Master做的事情）。

④ Region Split后，负责新Region的分布。

⑤ 在HRegionServer停机后，负责失效HRegionServer上Region迁移工作。

（4）Region节点HRegionServer

HRegionServer的功能如下：

① 维护HRegion，处理HRegion的IO请求，向HDFS文件系统中读/写数据。

② 负责切分运行过程中变得过大的HRegion。

③ Client访问HBase上数据的过程并不需要Master参与（寻址访问Zookeeper和HRegionServer，数据读/写访问HRegionServer），HMaster仅仅维护着Table和Region的元数据信息，负载很低。

2. HBase数据的读/写流程

HBase的数据读/写流程如图1-9所示。

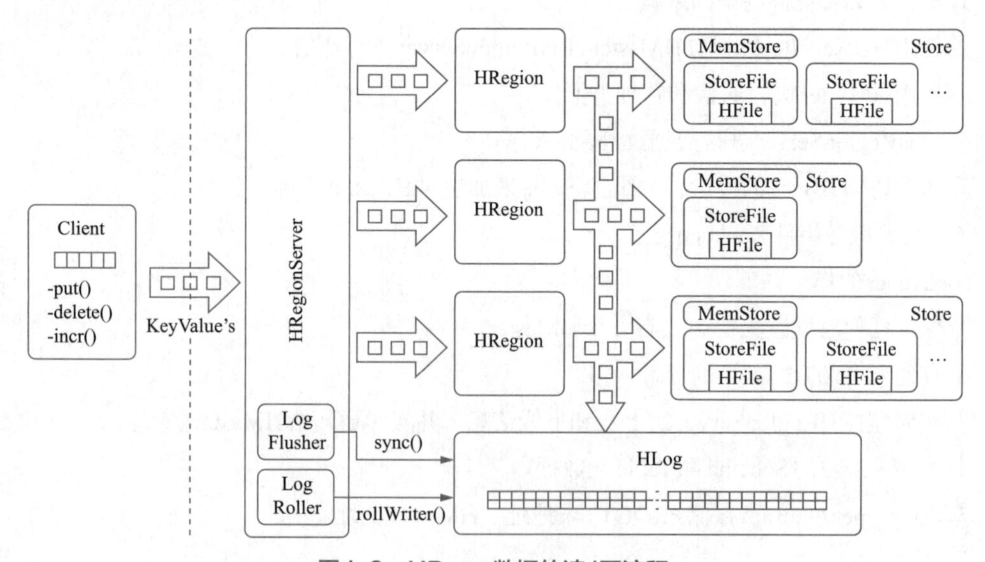

图1-9　HBase数据的读/写流程

（1）HBase读数据流程

① Client先访问Zookeeper，从meta表获取相应的Region信息，然后找到meta表的数据。

② 根据namespace、表名和rowkey以及meta表的数据找到写入数据对应的Region信息。

③ 找到对应的regionserver4，把数据分别写到HLog和MemStore上。

④ MemStore达到一个阈值后则把数据刷成一个StoreFile文件（若MemStore中的数据有丢失，则可以在HLog上恢复）。

⑤ 当多个StoreFile文件达到一定的大小后，会触发Compact合并操作，合并为一个StoreFile（这里同时进行版本的合并和数据删除）。

⑥ 当Storefile大小超过一定阈值后，会把当前的Region分割为两个（Split），并由Hmaster分配到相应的HRegionServer，实现负载均衡。

（2）HBase读数据的流程

① Client先访问Zookeeper，从meta表读取Region的位置，然后读取meta表中的数据。meta中又存储了用户表的Region信息。

② 根据namespace、表名和rowkey在meta表中找到对应的Region信息。

③ 找到这个Region对应的regionserver。

④ 查找对应的Region。

⑤ 先从MemStore找数据，如果没有，再到StoreFile上读取（为了效率读取）。

任务实施

启动HBase之后，使用HBase Shell命令进入HBaseShell窗口，然后可以使用help命令浏览帮助文档，查看每个具体参数的使用方法。命令如下：

```
$ hbase shell
```

执行HBaseShell命令之后会出现如下内容：

```
HBase Shell; enter 'help<RETURN>' for list of supported commands.
Type "exit<RETURN>" to leave the HBase Shell
Version 1.3.3, ra75a458e0c8f3c60db57f30ec4b06a606c9027b4, Fri Dec 14
16:02:53 PST 2018
hbase(main):001:0>
```

在hbase(main):001:0>后面直接输入help，会出现如下信息：

```
HBase Shell, version 1.3.3, ra75a458e0c8f3c60db57f30ec4b06a606c9027b4,
Fri Dec 14 16:02:53 PST 2018
Type 'help "COMMAND"', (e.g. 'help "get"' -- the quotes are necessary)
for help on a specific command.
Commands are grouped. Type 'help "COMMAND_GROUP"', (e.g. 'help
"general"') for help on a command group.
COMMAND GROUPS:
  Group name: general
  Commands: status, table_help, version, whoami
  Group name: ddl
```

```
    Commands: alter, alter_async, alter_status, create, describe, disable,
disable_all, drop, drop_all, enable, enable_all, exists, get_table, is_
disabled, is_enabled, list, locate_region, show_filters
    Group name: namespace
    Commands: alter_namespace, create_namespace, describe_namespace, drop_
namespace, list_namespace, list_namespace_tables
    Group name: dml
    Commands: append, count, delete, deleteall, get, get_counter, get_
splits, incr, put, scan, truncate, truncate_preserve
    Group name: tools
    Commands: assign, balance_switch, balancer, balancer_enabled,
catalogjanitor_enabled, catalogjanitor_run, catalogjanitor_switch, close_
region, compact, compact_rs, flush, major_compact, merge_region, move,
normalize, normalizer_enabled, normalizer_switch, split, splitormerge_
enabled, splitormerge_switch, trace, unassign, wal_roll, zk_dump
    Group name: replication
    Commands: add_peer, append_peer_tableCFs, disable_peer,
disable_table_replication, enable_peer, enable_table_replication, get_peer_
config, list_peer_configs, list_peers, list_replicated_tables, remove_peer,
remove_peer_tableCFs, set_peer_tableCFs, show_peer_tableCFs
    Group name: snapshots
    Commands: clone_snapshot, delete_all_snapshot, delete_snapshot,
delete_table_snapshots, list_snapshots, list_table_snapshots, restore_snapshot,
snapshot
    Group name: configuration
    Commands: update_all_config, update_config
    Group name: quotas
    Commands: list_quotas, set_quota
    Group name: security
    Commands: grant, list_security_capabilities, revoke, user_permission
    Group name: procedures
    Commands: abort_procedure, list_procedures
    Group name: visibility labels
    Commands: add_labels, clear_auths, get_auths, list_labels, set_auths,
set_visibility
  SHELL USAGE:
  Quote all names in HBase Shell such as table and column names.  Commas
delimit
  command parameters.  Type <RETURN> after entering a command to run it.
  Dictionaries of configuration used in the creation and alteration of
tables are
  Ruby Hashes. They look like this:
    {'key1' => 'value1', 'key2' =>'value2', ...}
  and are opened and closed with curley-braces.  Key/values are delimited
by the
  '=>' character combination.  Usually keys are predefined constants such as
```

```
    NAME, VERSIONS, COMPRESSION, etc.  Constants do not need to be quoted.
Type
    'Object.constants' to see a (messy) list of all constants in the
environment.
    If you are using binary keys or values and need to enter them in the
shell, use
    double-quote'd hexadecimal representation. For example:
    hbase> get 't1', "key\x03\x3f\xcd"
    hbase> get 't1', "key\003\023\011"
    hbase> put 't1', "test\xef\xff", 'f1:', "\x01\x33\x40"
    The HBase shell is the (J)Ruby IRB with the above HBase-specific commands
added.
    For more on the HBase Shell, see http://hbase.apache.org/book.html
```

通过help命令，可以学习到怎样引用表名、行键、列名等。

单元小结

本单元介绍了HBase集群环境的搭建、HBase的架构，以及架构中各组件的作用，最后阐述了HBase数据读/写的流程。在任务实施环节介绍了HBase的开发环境搭建和配置。通过本单元的学习，学生可以产生对HBase技术的学习兴趣。

课后练习

一、选择题

1. CentOS配置虚拟机网络模式时，使用（　　）命令重启系统。

A. ifconfig　　B. source　　C. reboot　　D. scp

2. 在CentOS中使用（　　）查看IP地址。

A. mkdir　　B. ifconfig　　C. ping　　D. tar

3. 在CentOS 7中关闭防火墙的命令是（　　）。

A. systemctl　　B. gedit　　C. ifconfig　　D. source

二、填空题

1. systemctl stop firewalld.service命令的作用是________。

2. HBase是建立在Hadoop文件系统之上的________数据库。

3. 在集群主节点配置中，如果要启动多个HMaster，需要通过________启动。

单元2 HBase基本操作

HBase包含可以与HBase进行通信的Shell。单元1提到，HBase使用Hadoop文件系统来存储数据。它拥有一个主服务器和区域服务器，其中数据存储将以区域（表）的形式存在。这些区域被分割并存储在区域服务器中。主服务器管理这些区域服务器，所有这些任务发生在HDFS。

一般的数据库都有命令行工具，HBase也自带了一个用JRuby（JRuby是用Java写的Ruby解释器）写的Shell命令行工具。HBase Shell为HBase提供了一套“简单方便”的命令行工具。使用它可以很好地与HBase进行交互，例如查看HBase集群状态、对HBase数据进行增、删、改、查操作等。本单元将介绍一些开发及运维工作中经常用到的HBase Shell命令。

学习目标

视频

HBase基本操作

【知识目标】

- 学习HBase Shell命令的语法。
- 学习HBase Shell的通用操作的语法。
- 学习HBase Shell的DDL操作的语法。
- 学习HBase Shell的DML操作的语法。
- 学习HBase Shell的安全操作的语法。

【能力目标】

- 能够学会HBase Shell的常用命令，熟练运用HBase Shell的DDL（数据定义语言）和DML（数据操纵语言）的操作。
- 能够综合运用HBase Shell命令。

任务2.1 使用HBase Shell命令

任务目标

① 了解HBase Shell的命令，重点掌握HBase shell的通用操作。

② 重点掌握HBase Shell的DDL操作。

③ 重点掌握HBase Shell的DML操作。

④ 掌握HBase Shell的安全操作。

知识学习

HBase 为用户提供了一个非常方便的命令行使用方式（即HBase Shell）。用户通过 HBase Shell不仅可以方便地创建、修改和删除表；还可以向表中添加、修改以及删除数据等；此外，还可以查询表中的数据信息，以及列出表中的相关信息等。

在HBase Shell 单元中，可以通过 help（帮助）命令来查看有哪些命令可以使用。而这些命令按照功能范围可以分为若干组（Command Groups）（10大类），每组都包含了若干个命令。这里选取常用的命令组进行详细介绍，这些命令组主要涵盖：general（通用操作）、DDL、DML和安全操作。而其他操作，如命名空间、工具丰富、集群备份（复制）、快照方法、配置以及可见标签等，这里不做详细介绍。

1. 通用操作

HBase的Shell命令提供的通用操作命令有：

① status：此命令提供HBase的状态，如服务器的数量。

② version：此命令提供正在使用的HBase版本。

③ whoami：此命令提供有关用户的信息。

④ table_help：此命令为表引用命令提供帮助。

2. DDL操作

DDL命令是HBase Shell中最常用的一组命令，包含的命令非常丰富，主要用于管理表相关的操作，例如创建表、修改表、删除表、上线和下线表以及罗列表信息等。具体命令如下：

① create：表示创建一个表。

② list：表示列出HBase的所有表。

③ alter：表示改变一个表。

④ disable：表示禁用表。

⑤ disable_all：表示通过正则表达式来停用多个表。

⑥ is_disabled：表示验证表是否被禁用。

⑦ enable：表示启用一个表。

⑧ enable_all：表示通过正则表达式来启动指定表。

⑨ is_enabled：表示验证表是否已启用。

⑩ describe：提供了一个表的描述。

⑪ exists：表示验证表是否存在。

⑫ drop：表示从HBase中删除表。

⑬ drop_all：表示丢弃在命令中给出匹配regex的表。

3. DML操作

DML命令同样也是HBase Shell中最常用的一组命令，包含的命令非常丰富，例如表中数据的插入、删除、修改、查询以及清空等操作。具体命令如下：

① scan：用于表示扫描并返回表中的数据信息。

② put：用于表示向表中添加数据信息。

③ get：用于表示获取行或单元格的内容。

④ append：用于表示给某个单元格的值拼接上新的值。

⑤ delete：用于表示删除表中的单元格值。

⑥ deleteall：用于表示删除给定行的所有单元格。

⑦ count：用于表示计数并返回表中的行的数目。

⑧ get_splits：用于获取表所对应的Region个数，即返回分区列表。

⑨ truncate：用于表示禁用、删除和重新创建一个指定的表。

⑩ truncate_preserve：用于表示清空表内数据，但是它会保留表所对应的Region。

4. 安全操作

安全命令属于DCL（Data Control Language，数据控制语言）的范畴，HBase Shell提供了4种安全命令：list_security_capabilities、grant、revoke和user_permission。但是，使用后3个命令需要2个前提条件：一是带有security的HBase版本；二是配置完成Kerberos安全认证。

HBase的Shell命令提供的安全操作命令如下：

① list_security_capabilities：用于表示列出所有支持的安全特性。

② grant：用于表示授予特定的权限，如读、写、执行和管理表给定一个特定的用户。

③ revoke：用于表示撤销用户访问表的权限。

④ user_permission：用于表示列出特定表的所有权限，或者指定用户针对指定表的权限。

任务实施

1. 启动 HBase Shell

如果访问HBase Shell，可以使用Hbase Shell命令来启动HBase的交互Shell，代码如下：

```
[root@slave0 hbase-1.3.3]# hbase shell
```

如果已成功在系统中安装HBase，就会显示出HBase Shell提示符，如下所示：

```
SLF4J: Class path contains multiple SLF4J bindings.
SLF4J: Found binding in
[jar:file:/opt/module/hbase-1.3.3/lib/slf4j-log4j12-1.7.5.jar!/org/slf4j/
impl/StaticLoggerBinder.class]
SLF4J: Found binding in
[jar:file:/opt/module/hadoop-2.7.2/share/hadoop/common/lib/slf4j-log4j12-
1.7.10.jar!/org/slf4j/impl/StaticLoggerBinder.class]
SLF4J: See http://www.slf4j.org/codes.html#multiple_bindings for an
explanation.
SLF4J: Actual binding is of type [org.slf4j.impl.Log4jLoggerFactory]
HBase Shell; enter 'help<RETURN>' for list of supported commands.
Type "exit<RETURN>" to leave the HBase Shell
```

```
    Version 1.3.3, ra75a458e0c8f3c60db57f30ec4b06a606c9027b4, Fri Dec 14
16:02:53 PST 2018
    hbase(main):001:0>
```

注意：如果此时打印出来的日志比较长，则说明有问题，用户需要根据报错的“异常信息”进行排查。此处的原因一般是由于HBase没有启动所造成的。

在进一步处理检查Shell功能之前，使用list命令可列出所有可用命令。list是用来获取所有HBase表的列表。

```
hbase(main):001:0> list
```

当输入以上命令时，会显示出如下输出结果：

```
course
phone
2 row(s) in 0.2870 seconds
=> ["course", "phone"]
```

如果退出交互Shell命令，可以在任何时候输入exit（退出）命令或使用快捷方式（[Ctrl + C]组合键），代码如下：

```
hbase(main):002:0>exit
```

2. 通用操作

（1）status

status命令用于返回HBase集群的状态，包括master、region server的数量和活跃情况，还包括集群的负载情况。用户还可以在status后面加上simple、summary或者detailed字段来获取更加详细的信息。这里不加任何字段的status 等同于status 'summary'。其命令格式如下：

```
status
status 'simple'
status 'summary'
status 'detailed'
```

范例：使用status命令HBase集群的状态，代码如下：

```
hbase(main):001:0> status 'summary'
1 active master, 0 backup masters, 3 servers, 0 dead, 1.6667 average load
```

（2）version

version命令用于返回HBase系统使用的版本，即查询HBase的版本。其命令格式如下：

```
version
```

范例：使用version命令查询HBase系统使用的版本，代码如下：

```
    hbase(main):002:0> version
    1.3.3, ra75a458e0c8f3c60db57f30ec4b06a606c9027b4, Fri Dec 14 16:02:53 PST
2018
```

（3）whoami

whoami命令返回HBase用户详细信息。如果执行这个命令，返回当前HBase用户。其命令格式如下：

```
whoami
```

范例：使用whoami命令查询HBase用户详细信息，代码如下：

```
hbase(main):003:0> whoami
root (auth:SIMPLE)
    groups: root
```

（4）table_help

table_help命令引导用户如何使用表引用的命令。当使用此命令时，会显示帮助主题表的相关命令。其命令格式如下：

```
table_help
```

范例：使用table_help命令显示帮助主题表的相关命令信息，代码如下：

```
hbase(main):004:0> table_help
```

命令的部分输出结果如下：

```
Help for table-reference commands.
You can either create a table via 'create' and then manipulate the table
via commands like 'put', 'get', etc.
See the standard help information for how to use each of these commands.
However, as of 0.96, you can also get a reference to a table, on which
you can invoke commands.
For instance, you can get create a table and keep around a reference to
it via:
   hbase> t = create 't', 'cf'
Or, if you have already created the table, you can get a reference to it:
   hbase> t = get_table 't'
You can do things like call 'put' on the table:
  hbase> t.put 'r', 'cf:q', 'v'
which puts a row 'r' with column family 'cf', qualifier 'q' and value 'v'
into table t.
To read the data out, you can scan the table:
  hbase> t.scan
which will read all the rows in table 't'.
Essentially, any command that takes a table name can also be done via
table reference.
Other commands include things like: get, delete, deleteall,
get_all_columns, get_counter, count, incr. These functions, along with
the standard JRuby object methods are also available via tab completion.
For more information on how to use each of these commands, you can also
just type:
   hbase> t.help 'scan'
which will output more information on how to use that command.
You can also do general admin actions directly on a table; things like
enable, disable,
flush and drop just by typing:
   hbase> t.enable
   hbase> t.flush
```

```
    hbase> t.disable
    hbase> t.drop
  Note that after dropping a table, your reference to it becomes useless 
and further usage
  is undefined (and not recommended).
```

3. DDL操作

下面将通过一个案例，掌握DDL（数据定义语言）操作，涵盖创建表、列出表、修改表结构、启用和禁用表、表描述、验证表是否存在以及删除表。

案例具体描述如下：

（1）创建教师表（teacher）（其中有2个列族）

① 基本信息列族（info），共两列：学号（num）和姓名（name）。

② 其他信息列族（other），共一列：类别（class）。

（2）向教师表插入两条信息

① 行键row1：列族info（基本信息）中涵盖两列，分别为num（学号）为1001，name（姓名）为jane；列族other（其他信息）中涵盖一列：class（类别）为professor（教授）。

② 行键row2：列族info（基本信息）中涵盖两列，分别为num（学号）为1002，name（姓名）为linda；列族'other'（其他信息）中涵盖一列：class（类别）为instructor（讲师）。

（3）查询表

查询当前数据库中所包含的所有表，并列出所有表名。

（4）修改教师表

① 增加扩展信息（extesion）列族，此列族包含专业列（major）信息，并设置TTL为30000，同时为row1和row2行的专业列添加数据信息为computer（计算机专业）。

② 新增两个列族：其中cf1列族版本设置为3，cf2列族版本设置为4。

③ 将刚刚新增的cf1列族和cf3列族信息删除。

④ 先将教师表的最大文件大小设置为134 217 728，再进行删除。

⑤ 将教师表的基本信息列族的hbase.hstore.blockingStoreFiles修改为15。

⑥ 并发执行修改操作：新增列族名设置为cf1和cf2，版本均设置为4，表级别属性MAX_FIFLESIZE设置为14 342 177 238，并删除列族cf2。

（5）禁用表操作

① 禁用教师表，并测试其是否被禁用。

② 将当前数据库中所有以t开始的表禁用。

（6）启用表操作

① 启用教师表，并测试其是否被启用。

② 启用当前数据库中所有以t开始的表。

（7）输出及验证

输出教师表的相关描述信息；验证教师表是否存在。

（8）删除表操作

① 删除测试表。

② 删除数据库中所有t开头的表。（暂不删除，教师表在下面DML操作中会继续使用）。

下面将详细介绍以上案例所涉及的命令及操作。

（1）create

create命令用于创建一张新的表，在创建时必须输入表的名称和ColumnFamily的名称。如果用户只需要创建列族，而不需要定义列族属性，可采用以下快捷写法，其命令格式如下：

```
create'表名','列族名1' ,'列族名2', …
```

范例：创建一个新表，表名为testtable，列族名为cf1。

```
hbase(main):001:0> create 'testtable','cf1'
0 row(s) in 3.2610 seconds
=> Hbase::Table - testtable
```

注意：这里testtable是创建的表的名字，cf1是此测试表中的一个列族。与关系型数据库的表一样，HBase的表也是按照行（row）和列（column）来组织的。HBase的列组成列族。Hbase中的表必须至少有一个列族，它直接影响HBase数据存储的物理特性。没有列族的表是没有意义的。列不是依附于表上，而是依附于列族上。因此，在创建表时必须至少指定一个列族，表创建后列族仍然可以更改。

在建立新表时可以同时修改表属性。其命令格式如下：

```
create '表名', { NAME => '列族名1', 属性名 =>属性值}, { NAME => '列族名2',
属性名 =>属性值}, …
```

范例：创建一个新表，表名为teacher（教师表），其中有2个列族。

① 列族名为info（基本信息），一共有两列num（学号）和name（姓名）。

② 列族名为other（其他信息），一共有一列class（类别）。

创建的其表的命令如下：

```
hbase(main):001:0>create 'teacher',{NAME => 'info',COLUMNS =>
'num,name'},{NAME =>'other',COLUMNS => 'class'}
```

利用put命令（有关此命令后续章节会详细介绍）向teacher（教师表）插入行键分别为row1和row2的两条数据信息，代码如下：

```
hbase(main):012:0> put 'teacher','row1','info:num','1001'
0 row(s) in 0.0140 seconds
hbase(main):013:0> put 'teacher','row1','info:name','jane'
0 row(s) in 0.0150 seconds
hbase(main):014:0> put 'teacher','row1','other:class','professor'
0 row(s) in 0.0180 seconds
hbase(main):015:0> put 'teacher','row2','info:num','1002'
0 row(s) in 0.0150 seconds
hbase(main):016:0> put 'teacher','row2','info:name','linda'
```

```
0 row(s) in 0.0120 seconds
hbase(main):017:0> put 'teacher','row2','other:class','instructor'
0 row(s) in 0.0240 seconds
```

利用scan命令（有关此命令后续章节会详细介绍）将teacher（教师表）中的信息查询出来，代码如下：

```
hbase(main):018:0> scan 'teacher'
ROW     COLUMN+CELL
row1    column=info:name, timestamp=1561704317693, value=jane
row1    column=info:num, timestamp=1561704309459, value=1001
row1    column=other:class, timestamp=1561704328902, value=professor
row2    column=info:name, timestamp=1561704399431, value=linda
row2    column=info:num, timestamp=1561704363174, value=1002
row2    column=other:class, timestamp=1561704650872, value=instructor
row(s) in 0.0340 seconds
```

（2）list

list命令用于列出数据库中所有的表名，即用于查询数据库中的表。其命令格式如下：

```
list
list '通配符'
```

范例：验证数据库中存在哪些表。此时本数据库中存在7张表：TABLE、course（课程表）、phone（人员信息表）、student（学生表）、teacher（教师表）、test（测试表）和testtable（测试表），其命令和测试结果如下：

```
hbase(main):019:0> list
TABLE
course
phone
student
teacher
test
testtable
6 row(s) in 0.0280 seconds
=> ["course", "phone", "student", "teacher", "test", "testtable"]
```

范例：验证数据库中存在以t开头的表，本数据库一共有4张表满足要求，即TABLE、teacher、test和testtable表。其命令和输出结果如下：

```
hbase(main):020:0> list 't.*'
TABLE
teacher
test
testtable
3 row(s) in 0.0070 seconds
=> ["teacher", "test", "testtable"]
```

（3）alter

alter命令用于更改表或者列族定义。如果传入一个新的列族名，则意味着创建一个新的列族。

① 建立/修改列族。若传入新的列族名则可新建列族；若传入的列族名已经存在，则可以修改列族属性。常见的列族属性如下：

• BLOOMFILTER：布隆过滤器，是HBase系统中的高级功能，主要用于提高特定访问模式下的查询速度。取值为：NONE（默认值，不使用布隆过滤器过滤）、ROW（行键使用布隆过滤器过滤）和ROWCOL（列键使用布隆过滤器过滤）。对于某个Region的随机读，HBase会遍历读memstore及storefile（按照一定的顺序），将结果合并返回给客户端。如果用户设置了bloomfilter，那么在遍历读storefile时，就可以利用bloomfilter，忽略某些storefile。

• REPLICATION_SCOPE：表的复制范围，其取值范围为（0,1）。

• MIN_VERSIONS：如果当前存储的所有时间版本都早于TTL，至少MIN_VERSION个最新版本会保留下来。这样确保在查询以及数据早于TTL时有结果返回。

• TTL（Time-To-Live）：用于限定数据的超时时间，即每个Cell的数据超时时间（当前时间－最后更新的时间）。

• COMPRESSION：设置压缩格式，可以间接地提高查询效率，但是会影响写入的效率。

• BLOCKSIZE：在配置中有一个hbase.mapreduce.hfileoutputformat.blocksize，这个参数和表描述中的一样，主要用来初始化MR。配置中的采纳数主要是从HFileOutputFormat写hfile的时候，会强制改成这个值。但是，表中的配置会覆盖这个配置，所以这个配置一般没有用。

• IN_MEMORY：表示在内存中，此属性的默认值是false（假，表示不在内存中），若此属性设置为true（在内存中），并不是说将整个列族的所有存储块都加载到内存中了，而是指高优先级。在正常的数据读取操作过程中，块数据被加载到缓存区中并且长期存储在内存中，除非遇到压力过大才会强制从内存中卸载此部分数据。此属性设置为true通常适合数据量较小的列族（例如只有登录用户名和密码的用户表），这样可以提高处理速度。

建立/修改一个列族的命令格式如下：

```
alter'表名',NAME=>'列族名' ,属性名1=>属性值1, 属性名2=>属性值2
```

范例：修改表teacher（教师表），新增一个列族，列族名设置为 extesion（扩展信息），此列族包含列major（专业），限定数据的超时时间（TTL）设置为30 000。

注意：TTL设置了一个基于时间戳的临界值，内部的管理会自动检查TTL值是否达到上限，在major合并过程中时间戳若被判定为超过TTL的数据会被自动删除。

本范例中若数据在超过30 000 s（30000/（60*60*24）=8.33小时）会被自动删除，其命令和输出结果如下：

```
    hbase(main):001:0> alter 'teacher',NAME=>'extesion',COLUMNS=>'major',T
TL=>30000
    Unknown argument ignored for column family extesion: COLUMNS
    Updating all regions with the new schema...
    0/1 regions updated.
```

```
1/1 regions updated.
Done.
0 row(s) in 3.9090 seconds
```

接着利用put命令（有关此命令任务3.2中会详细介绍）向'teacher'（教师表）已有的两个单元格中添加extesion列族下major列的值，代码如下：

```
hbase(main):005:0> put 'teacher','row1','extesion:major',' computer '
0 row(s) in 0.0160 seconds
hbase(main):004:0> put 'teacher','row2','extesion:major',' computer '
0 row(s) in 0.0180 seconds
```

利用scan命令（有关此命令任务3.2中会详细介绍）将teacher（教师表）中的信息查询出来，新增信息已经用框表示出来，具体如下：

```
hbase(main):006:0> scan 'teacher'
ROW      COLUMN+CELL
row1     column=extesion:major, timestamp=1561706879839, value=computer
row1     column=info:name, timestamp=1561704317693, value=jane
row1     column=info:num, timestamp=1561704309459, value=1001
row1     column=other:class, timestamp=1561704328902, value=professor
row2     column=extesion:major, timestamp=1561706678977, value=computer
row2     column=info:name, timestamp=1561704399431, value=linda
row2     column=info:num, timestamp=1561704363174, value=1002
row2     column=other:class, timestamp=1561704650872, value=instructor
2 row(s) in 0.0320 seconds
```

建立/修改多个列族的命令格式如下：

```
alter'表名',{NAME=>'列族名1' ,属性名1=>属性值1, 属性名2=>属性值
2, …},{ NAME=>'列族名2' ,属性名1=>属性值1, 属性名2=>属性值2, …}
```

范例：修改表teacher（教师表），再新增两个列族。

列族名设置为cf1，版本设置为3；列族名设置为cf2，版本设置为4。

其命令和输出结果如下：

```
hbase(main):009:0> alter 'teacher',{NAME=>'cf1',VERSION=>3},{NAME=>'cf2'
,VERSION=>4}
Unknown argument ignored for column family cf1: 1.8.7
Unknown argument ignored for column family cf2: 1.8.7
Updating all regions with the new schema...
0/1 regions updated.
1/1 regions updated.
Done.
0 row(s) in 3.2580 seconds
```

② 删除列族。其命令格式为：

```
alter '表名', 'delete'=>'列族名'
```

范例：将表teacher（教师表）中新增的两个列族cf1和cf2删除，命令和输出结果如下：

```
hbase(main):011:0> alter 'teacher','delete'=>'cf1'
```

```
Updating all regions with the new schema...
0/1 regions updated.
1/1 regions updated.
Done.
0 row(s) in 3.2320 seconds
hbase(main):012:0> alter 'teacher','delete'=>'cf2'
Updating all regions with the new schema...
0/1 regions updated.
1/1 regions updated.
Done.
0 row(s) in 3.2320 seconds
```

③ 修改表级别属性。允许的属性名必须是属于表级别的属性。表级别的属性如下：

• MAX_FILESIZE：表示设置最大文件大小。

• READONLY：表示设置表为只读。

• MEMSTORE_FLUSHSIZE：表示HRegion上设置的一个阈值，当MemStore的大小超过这个阈值时，将会发起flush请求。

• DEFERRED_LOG_FLUSH：表示延时日志刷写。设置数据表的DEFERRED_LOG_FLUSH属性为true，服务端将采用异步写Hlog的方式，客户端写响应时间会降到1ms以下。如果RegionServer挂掉，会丢失1s的数据。同样有数据丢失风险，这种方式会小很多（rs被kill -9或者物理机器直接宕机），而且写入的数据马上可以被读取到，客户端也不需要采取特别的策略。

• DURABILITY：HBase的预写日志。

• NORMALIZATION_ENABLED：通过将NORMALIZATION_ENABLED表属性设置为true或false，可以启用或禁用表的Normalization。

其命令格式如下：

```
alter'表名', 属性名1=>属性值1, 属性名2=>属性值2, …
```

范例：修改表teacher（教师表），将其MAX_FILESIZE（最大文件大小）属性设置为14 342 177 238，其命令和输出结果如下：

```
hbase(main):013:0> alter 'teacher', MAX_FILESIZE=>'14342177238'
Updating all regions with the new schema...
1/1 regions updated.
Done.
0 row(s) in 2.1970 seconds
```

④ 删除表级别属性。其命令格式如下：

```
alter '表名', METHOD=> 'table_att_unset', NAME=> 属性名
```

范例：修改 teacher 表，将其“最大文件大小”的表级别属性删除。其命令和输出结果如下：

```
alter 'teacher', METHOD=>'table_att_unset',NAME=>'MAX_FILESIZE'
Updating all regions with the new schema...
1/1 regions updated.
```

```
Done.
0 row(s) in 2.7700 seconds
```

⑤ 删除表级别属性。一般情况下，用户都会把表/列族的配置属性设置在hbasesite.xml文件中。现在alter命令给了用户一个可以更改专属于这个表/列族的配置属性值的机会。其命令格式如下：

```
alter '表名', CONFIGURATION => { '配置名' => '配置值' }
alter '表名', { NAME => '列族名', CONFIGURATION=> { '配置名' => '配置值' }}
```

范例：修改teacher（教师表），将info列族的hbase.hstore.blockingStoreFiles修改为15，而不影响到别的表。其命令和输出结果如下：

```
hbase(main):005:0> alter 'teacher',{NAME=>'info',CONFIGURATION=>{'hbase.
hstore.blockingStoreFiles'=>'15'} }
Updating all regions with the new schema...
1/1 regions updated.
Done.
0 row(s) in 2.1960 seconds
```

⑥ 并发执行多个命令。可以把前面介绍的这些命令都放到一条命令中同时执行。其命令格式如下：

```
alter '表名', 命令1, 命令2, 命令3
```

范例：建立/修改表teacher。其中：

- 新增列族名设置为cf1，版本设置为4。
- 新增列族名设置为cf2，版本设置为4。
- 表级别属性MAX_FIFLESIZE设置为14342177238。
- 删除列族cf2。

其命令和输出结果如下：

```
hbase(main):007:0> alter
'teacher',{NAME=>'cf1',VERSION=>4},{NAME=>'cf2',VERSION=>4},{MAX_FILESIZE=>'
14342177238'},{METHOD=>'delete',NAME=>'cf2'}
Unknown argument ignored for column family cf1: 1.8.7
Unknown argument ignored for column family cf2: 1.8.7
Updating all regions with the new schema...
1/1 regions updated.
Done.
0 row(s) in 2.2010 seconds
```

经过上述（alter这部分）修改后表的结构如图2-1所示。

```
'teacher', {TABLE_ATTRIBUTES => {MAX_FILESIZE => '14342177238'}, {NAME => 'cf1'},
{NAME => 'extesion', TTL => '30000 SECONDS (8 HOURS 20 MINUTES)'}, {NAME =>
'info', CONFIGURATION => {'hbase.hstore.blockingStoreFiles' => '15'}}, {NAME => 'other'}
```

图2-1 修改后的表结构

（4）disable

disable命令用于停用指定表（禁用表）。若要删除表或改变其设置，首先需要使用disable命令关闭表，若要重新启动此表则使用enable命令。

在使用HBase时，表是不可以随便删的，因为可能有很多客户端现在正好连着，而且也有可能HBase正在做合并或者分裂操作。如果用户这时删除了表，会造成无法恢复的错误，HBase也不会让用户直接就删除表，而是需要先做一个disable操作，即先停用这个表，并且下线。

在没有数据或者没有人使用的情况下，这条命令执行得很快。但如果系统已经上线了，并且负载很大的情况下disable命令会执行得很慢，因为disable要通知所有的RegionServer下线这个表，并且有很多涉及该表的操作需要被停用，以保证该表真的已经完全不参与任何工作。

其命令格式如下：

```
disable '表名'
```

范例：将表teacher禁用。命令如下：

```
hbase(main):008:0> disable 'teacher'
0 row(s) in 2.4140 seconds
```

如果停用掉一个表后，可以使用scan命令测试一下表是不是真的被关闭了。当发现无法使用scan命令，并且会输出一个错误信息ERROR：xxxx is disabled时，表示该表已经被关闭了，不能使用scan测试。

范例：表teacher禁用，用scan命令查看。其命令和输出结果如下：

```
hbase(main):009:0> scan 'teacher'
ROW      COLUMN+CELL
ERROR: teacher is disabled.
```

（5）disable_all

disable_all命令是通过正则表达式来停用多个表，即禁用所有匹配给定正则表达式的表。其命令格式如下：

```
disable_all '正则表达式'
```

范例：禁用数据库中所有以t开始的表，本数据库中满足条件的一共有3个表，分别为teacher、test和testtable。其命令和输出结果如下：

```
hbase(main):010:0> disable_all  't.*'
teacher
test
testtable
Disable the above 3 tables (y/n)?
y
3 tables successfully disabled
```

（6）is_disabled

is_disabled命令是用来查看（验证）表是否被禁用。其命令格式如下：

```
is_disabled '表名
```

范例：验证teacher（教师表）是否被禁用。若禁用返回true，否则返回false。

上述teacher表已经被禁用，所以返回true。其命令和输出结果如下：

```
hbase(main):011:0> is_disabled 'teacher'
true
0 row(s) in 0.0420 seconds
```

（7）enable

enable命令是用来启用指定表。其命令格式如下：

```
enable '表名'
```

范例：启用表teacher（教师表）。代码如下：

```
hbase(main):012:0> enable 'teacher'
0 row(s) in 1.4120 seconds
```

启用表之后利用scan命令进行查看，如果能看到模式，则说明表已成功启用。

本范例中可以看到teacher表的所有单元格的信息（行键为row1和row2）。其命令和输出结果如下：

```
hbase(main):013:0> scan 'teacher'
ROW     COLUMN+CELL
row1    column=extesion:major, timestamp=1561706879839, value=computer
row1    column=info:name, timestamp=1561704317693, value=jane
row1    column=info:num, timestamp=1561704309459, value=1001
row1    column=other:class, timestamp=1561704328902, value=professor
row2    column=extesion:major, timestamp=1561706678977, value=computer
row2    column=info:name, timestamp=1561704399431, value=linda
row2    column=info:num, timestamp=1561704363174, value=1002
row2    column=other:class, timestamp=1561704650872, value=instructor
2 row(s) in 0.0950 seconds
```

（8）enable_all

enable_all命令是通过正则表达式来启动指定表，即启用所有匹配给定正则表达式的表。其命令格式如下：

```
enable_all '正则表达式'
```

范例：启用数据库中所有以t开始的表，本数据库中满足条件的有3个表teacher、test和testtable。其命令和输出结果如下：

```
hbase(main):014:0> enable_all 't.*'
teacher
test
testtable
Enable the above 3 tables (y/n)?
y
3 tables successfully enabled
```

（9）is_enabled

is_enabled命令用于查找表是否被启用。其命令格式如下：

```
is_enabled '表名'
```

范例：验证表'teacher'（教师表）是否启用。若启用返回true，否则返回false。

本范例中返回true说明'teacher'表已被启用。其命令和输出结果如下：

```
hbase(main):016:0> is_enabled 'teacher'
true
0 row(s) in 0.0250 seconds
```

（10）describe

describe命令用于输出表的描述信息。其命令格式如下：

```
describe '表名'
```

或者为：

```
desc '表名'
```

范例：输出表teacher（教师表）的相关信息。其命令和输出结果如下：

```
    hbase(main):019:0> describe 'teacher'
    Table teacher is ENABLED
    teacher, {TABLE_ATTRIBUTES => {MAX_FILESIZE => '14342177238'}
    COLUMN FAMILIES DESCRIPTION
    {NAME => 'cf1', DATA_BLOCK_ENCODING => 'NONE', BLOOMFILTER => 'ROW',
REPLICATION_SCOPE
    => '0', COMPRESSION => 'NONE', VERSIONS => '1', TTL => 'FOREVER', MIN_
VERSIONS => '0',
    KEEP_DELETED_CELLS => 'FALSE', BLOCKSIZE => '65536', IN_MEMORY =>
'false', BLOCKCACHE =
    > 'true'}
    {NAME => 'extesion', DATA_BLOCK_ENCODING => 'NONE', BLOOMFILTER => 'ROW',
REPLICATION_S
    COPE => '0', COMPRESSION => 'NONE', VERSIONS => '1', TTL => '30000
SECONDS (8 HOURS 20
    MINUTES)', MIN_VERSIONS => '0', KEEP_DELETED_CELLS => 'FALSE', BLOCKSIZE
=> '65536', IN
    _MEMORY => 'false', BLOCKCACHE => 'true'}
    {NAME => 'info', DATA_BLOCK_ENCODING => 'NONE', BLOOMFILTER => 'ROW',
REPLICATION_SCOPE
     => '0', VERSIONS => '1', COMPRESSION => 'NONE', MIN_VERSIONS => '0', TTL
=> 'FOREVER',
     KEEP_DELETED_CELLS => 'FALSE', BLOCKSIZE => '65536', IN_MEMORY =>
'false', BLOCKCACHE
    => 'true', CONFIGURATION => {'hbase.hstore.blockingStoreFiles' => '15'}}
    {NAME => 'other', DATA_BLOCK_ENCODING => 'NONE', BLOOMFILTER => 'ROW',
REPLICATION_SCOP
    E => '0', VERSIONS => '1', COMPRESSION => 'NONE', MIN_VERSIONS => '0',
TTL => 'FOREVER'
```

```
    , KEEP_DELETED_CELLS => 'FALSE', BLOCKSIZE => '65536', IN_MEMORY =>
'false', BLOCKCACHE
     => 'true'}
    4 row(s) in 0.0440 seconds
```

（11）exists

exists命令用于判断指定表是否存在。其命令格式如下：

```
exists '表名'
```

范例：验证teacher（教师表）是否存在，本例输出结果是“Table teacher does exist Table teacher does exist”，即说明表teacher存在。其命令和输出结果如下：

```
hbase(main):001:0> exists 'teacher'
Table teacher does exist
0 row(s) in 0.4630 seconds
```

范例：验证tel表是否存在，本例输出结果是“Table tel does not exist”，即说明表tel不存在。其命令和输出结果如下：

```
hbase(main):003:0> exists 'tel'
Table tel does not exist
0 row(s) in 0.0230 seconds
```

（12）drop

drop命令用于删除指定表。其命令格式如下：

```
drop  '表名'
```

范例：删除表test（测试表），在删除表之前应把此表先禁用。其命令如下：

```
hbase(main):015:0> disable 'test'
0 row(s) in 2.2930 seconds
```

用drop命令删除test表，其代码如下：

```
hbase(main):016:0> drop 'test'
0 row(s) in 1.3250 seconds
```

用list命令查看数据库中的表，代码如下：

```
hbase(main):017:0> list
TABLE
course
phone
student
teacher
testtable
5 row(s) in 0.0160 seconds
=> ["course", "phone", "student", "teacher", "testtable"]
```

（13）drop_all '正则表达式'

drop_all命令用于通过正则表达式来删除多个表，即删除所有匹配给定正则表达式的表。其命令格式如下：

```
drop_all  '正则表达式'
```

范例：删除数据库中所有t开头的表，在删除表之前应先把t开头的表禁用。其代码如下：

```
hbase(main):018:0> disable_all 't.*'
teacher
testtable
Disable the above 2 tables (y/n)?
y
2 tables successfully disabled
```

用drop命令删除t开头的表，其代码如下：

```
hbase(main):019:0> drop_all 't.*'
teacher
testtable
Drop the above 2 tables (y/n)?
n
```

为了方便以后操作，再将t开头的表启用，其代码如下：

```
hbase(main):021:0> enable_all 't.*'
teacher
testtable
Enable the above 2 tables (y/n)?
y
2 tables successfully enabled
```

4. DML操作

在前面DDL操作案例的基础上，通过一个小案例，掌握DML（数据操纵语言）操作，涵盖表信息查询、读取表中的数据信息、向表中插入数据信息、拼接新值、删除表中数据信息、统计表的行数量、截断表、获取表所对应的Region个数以及清空表内数据，并保留所对应的Region。

案例具体描述如下：

（1）查询操作

① 查询教师表中的所有数据信息。

② 查询教师表中基本信息列族中姓名列信息。

③ 查询教师表中行键大于或等于row2的记录信息。

④ 查询教师表中行键小于row3（不包含row3）的记录信息。

⑤ 查询教师表中行键大于或等于row1且小于row3的记录信息。

⑥ 查询教师表中行键大于或等于row1的一条记录信息。

⑦ 查询教师表中时间戳在[1 561 777 040 403，1 561 777 060 636）范围的记录信息。

⑧ 查询教师表中版本数为1，行键小于row3的基本信息列族中的姓名列信息。

⑨ 查询教师表中行键小于row3，版本数为10的原始记录信息。

（2）读取数据信息

① 获取教师表中行键为row1的数据信息。

② 获取教师表中其他信息列族的类别列信息。

③ 获取教师表中row1行，扩展信息列族下的专业信息，并且把查询版本数设置为5。

（3）插入数据信息

向教师表（行键为row1、row2和row13）的扩展信息列族的专业列插入值IOT（物联网专业）。

（4）为列拼接新值

为教师表的row1行的姓名列拼接上新值为lily。

（5）删除数据信息

① 将教师表row1行的基本信息列族的姓名列中的数据信息删除。

② 将教师表row2行的基本信息列族的姓名列，且时间戳为2之前所有版本的数据信息删除。

③ 删除教师表中row1行的所有数据信息。

（6）统计表的行数量

① 显示教师表的行数量。

② 根据步长为2，缓存条数为2显示教师表的行数。

（7）设置教师表

获取教师表中所对应的Region个数；截断教师表；清空教师表中的数据信息，并保留对应的Region。

下面将详细介绍以上案例所涉及的命令及操作。

（1）scan

scan命令用于查看HTable数据，即使用scan命令可以得到表中的数据。涵盖如下两层含义：

- 按照行键的字典排序来遍历指定表的数据。
- 遍历所有数据所有列族。

scan是最常用的查询表数据的命令，这个命令相当于传统数据库select。如果想查看表的数据可通过用以下格式遍历出这个表的数据。其命令格式如下：

```
scan  '表名'
```

范例：查询表teacher（教师表）中的数据信息。

因为teacher表中extesion列族（扩展信息）下major列的限定数据的超时时间（TTL）设置为30 000，故超过30 000 s（30 000/（60 × 60 × 24）=8.33 h）会被自动删除（下面遇到同样情况就不再解释）。因此在查询之前，先重新向teacher（教师表）中插入关于major（专业）的信息，代码如下：

```
hbase(main):014:0> put 'teacher','row2','extesion:major','IOT'
```

```
0 row(s) in 0.0180 seconds
hbase(main):015:0> put 'teacher','row1','extesion:major','IOT'
0 row(s) in 0.0160 seconds
```

用scan命令查询表teacher中的数据信息，代码如下：

```
hbase(main):019:0> scan 'teacher'
ROW        COLUMN+CELL
row1       column=extesion:major, timestamp=1561776255165, value=IOT
row1       column=info:name, timestamp=1561704317693, value=jane
row1       column=info:num, timestamp=1561704309459, value=1001
row1       column=other:class, timestamp=1561704328902, value=professor
row2       column=extesion:major, timestamp=1561776899365, value=IOT
row2       column=info:name, timestamp=1561704399431, value=linda
row2       column=info:num, timestamp=1561704363174, value=1002
row2       column=other:class, timestamp=1561704650872, value=instructor
2 row(s) in 0.0690 seconds
```

不过在实际环境下很少会直接这么写，因为表的数据太大了。如果用户这样输入，会从第一条数据开始把所有数据全部显示一遍，所用时间简直无法想象。传统的关系型数据库由limit参数来限制显示的条数，那么在HBase中如何限制记录条数呢？

① 指定列。带指定列的scan命令用于遍历指定的列的相关信息，类似用户在关系型数据库中用select语句进行选择查询。值得注意的是写列名时记得把列族名带上，例如，cf1:name。其命令格式如下：

```
scan '表名', { COLUMNS => ['列1', '列2', …] }
```

范例：查询teacher（教师表）中指定列族info（基本信息）| name（姓名）列的数据信息。其命令和输出结果如下：

```
hbase(main):017:0>  scan 'teacher',{COLUMNS=>'info:name'}
ROW           COLUMN+CELL
row1          column=info:name, timestamp=1561704317693, value=jane
row2          column=info:name, timestamp=1561704399431, value=linda
2 row(s) in 0.0370 seconds
```

② 指定行键范围。指定行键范围的scan命令通过传入起始行键（STARTROW）和结束行键（ENDROW）来遍历指定行键范围的记录。其中，STARTROW和ENDROW都是可选的参数，可以不输入。如果不输入ENDROW，就从STARTROW开始一直显示下去直到表的结尾；如果不输入STARTROW，就从表头一直显示到ENDROW为止。此处强烈建议每次调用scan都至少指定起始行键或者结束行键，这样会极大地加速遍历速度。其命令格式如下：

```
scan '表名', { STARTROW => '起始行键', END_ROW => '结束行键' }
```

范例：查询teacher（教师表）中的所有rowkey大于或等于row2的记录，即从row2开始一直显示下去直到表的结尾（此表中即显示行键为row2和row3的记录信息）。

为了更好地体现查询结果，先利用put（命令）再向teacher表中插入行键为row3的信息，代码如下：

```
hbase(main):020:0> put 'teacher','row3','info:num','1003'
0 row(s) in 0.0240 seconds
hbase(main):021:0> put 'teacher','row3','info:name','juice'
0 row(s) in 0.0140 seconds
hbase(main):022:0> put 'teacher','row3','other:class','professor'
0 row(s) in 0.0150 seconds
hbase(main):023:0> put 'teacher','row3','extesion:major','IOT'
0 row(s) in 0.0150 seconds
```

用scan命令查询、添加过数据后的信息如下：

```
hbase(main):024:0> scan 'teacher'
ROW       COLUMN+CELL
row1      column=extesion:major, timestamp=1561776255165, value=IOT
row1      column=info:name, timestamp=1561704317693, value=jane
row1      column=info:num, timestamp=1561704309459, value=1001
row1      column=other:class, timestamp=1561704328902, value=professor
row2      column=extesion:major, timestamp=1561776899365, value=IOT
row2      column=info:name, timestamp=1561704399431, value=linda
row2      column=info:num, timestamp=1561704363174, value=1002
row2      column=other:class, timestamp=1561704650872, value=instructor
row3      column=extesion:major, timestamp=1561777117762, value=IOT
row3      column=info:name, timestamp=1561777060636, value=juice
row3      column=info:num, timestamp=1561777040403, value=1003
row3      column=other:class, timestamp=1561777091813, value=professor
3 row(s) in 0.0510 seconds
```

最后查询teacher表中所有rowkey大于且等于row2的记录，其命令和输出结果如下：

```
hbase(main):025:0> scan 'teacher',{STARTROW=>'row2'}
ROW       COLUMN+CELL
row2      column=extesion:major, timestamp=1561776899365, value=IOT
row2      column=info:name, timestamp=1561704399431, value=linda
row2      column=info:num, timestamp=1561704363174, value=1002
row2      column=other:class, timestamp=1561704650872, value=instructor
row3      column=extesion:major, timestamp=1561777117762, value=IOT
row3      column=info:name, timestamp=1561777060636, value=juice
row3      column=info:num, timestamp=1561777040403, value=1003
row3      olumn=other:class, timestamp=1561777091813, value=professor
2 row(s) in 0.0360 seconds
```

范例：查询teacher（教师表）中所有rowkey小于row3（但不包括row3）的记录（即显示此表中行键为row1和row2的记录信息）。其命令和输出结果如下：

```
hbase(main):026:0> scan 'teacher',{ENDROW=>'row3'}
ROW       COLUMN+CELL
row1      column=extesion:major, timestamp=1561776255165, value=IOT
row1      column=info:name, timestamp=1561704317693, value=jane
row1      column=info:num, timestamp=1561704309459, value=1001
row1      column=other:class, timestamp=1561704328902, value=professor
```

```
row2       column=extesion:major, timestamp=1561776899365, value=IOT
row2       column=info:name, timestamp=1561704399431, value=linda
row2       column=info:num, timestamp=1561704363174, value=1002
row2       column=other:class, timestamp=1561704650872, value=instructor
2 row(s) in 0.0320 seconds
```

始行键（STARTROW）和结束行键（ENDROW）两个参数如果一起用，就是显示>= STARTROW且<ENDROW中的那段数据信息。

范例：查询teacher（教师表）中所有rowkey大于或等于row1小于row3（但不包括row3）的记录（即显示此表中行键为row1和row2的记录信息）。其命令和输出结果如下：

```
hbase(main):028:0> scan 'teacher',{STARTROW=>'row1',ENDROW=>'row3'}
ROW        COLUMN+CELL
row1       column=extesion:major, timestamp=1561776255165, value=IOT
row1       column=info:name, timestamp=1561704317693, value=jane
row1       column=info:num, timestamp=1561704309459, value=1001
row1       column=other:class, timestamp=1561704328902, value=professor
row2       column=extesion:major, timestamp=1561776899365, value=IOT
row2       column=info:name, timestamp=1561704399431, value=linda
row2       column=info:num, timestamp=1561704363174, value=1002
row2       column=other:class, timestamp=1561704650872, value=instructor
2 row(s) in 0.0350 seconds
```

③ 指定最大返回行数量。指定最大返回行数量的scan命令用于通过传入最大返回行数量（LIMIT）来控制返回行的数量。类似人们在传统关系型数据库中使用limit语句的效果。其命令格式如下：

```
scan '表名', { LIMIT => 行数量 }
```

范例：查询teacher（教师表）中所有rowkey大于或等于row1的一条记录（即显示此表中行键为row1的记录信息）。其命令和输出结果如下：

```
hbase(main):029:0> scan 'teacher',{STARTROW=>'row1',LIMIT=>1}
ROW        COLUMN+CELL
row1       column=extesion:major, timestamp=1561776255165, value=IOT
row1       column=info:name, timestamp=1561704317693, value=jane
row1       column=info:num, timestamp=1561704309459, value=1001
row1       column=other:class, timestamp=1561704328902, value=professor
1 row(s) in 0.0570 seconds
```

④ 指定时间戳范围。带指定时间戳范围（TIMERANGE）的scan命令用于遍历表中的记录信息，可以使用它来找出单元格的历史版本数据。其命令格式如下：

```
scan '表名', { TIMERANGE => [最小时间戳, 最大时间戳]}
```

注意：这里指返回包含最小时间戳的记录，但是不包含最大时间戳记录。这是一个左闭右开区间。

范例：查询表teacher（教师表）中时间戳大于或等于“1561777040403”，小于“1561777060636”范围内的记录信息。此表只有行键row3，列族ino（基本信息）下的num

（教师号）列满足查询条件。其命令和输出结果如下：

```
hbase(main):031:0>scan 'teacher',{TIMERANGE=>[1561777040403,1561777060636]}
ROW       COLUMN+CELL
row3      column=info:num, timestamp=1561777040403, value=1003
1 row(s) in 0.0230 seconds
```

注意：当用户看这条记录时，会看到时间戳属性。每一个单元格都可以存储多个版本（version）的值。HBase的单元格并没有version这个属性，它用timestamp来存储该条记录的时间戳，这个时间戳用来当版本号使用。

如果用户在写put语句时不指定时间戳，系统就会自动用当前时间帮用户指定它。这个timestamp虽然是时间的标定，其实可以输入任意的数字，如1、2、3都可以存储进去。当使用scan命令时，HBase会显示拥有最大（最新）的timestamp的数据版本。

⑤ 显示单元格的多个版本值。带显示单元格的多个版本值的scan命令用于通过指定版本数（VERSIONS），可以显示单元格的多个版本值。其命令格式如下：

```
scan '表名', {VERSIONS => 版本数 }
```

范例：查询teacher（教师表）中版本数为1、行键小于row3、列族info（基本信息）下name（姓名）的信息。其命令和输出结果如下：

```
hbase(main):034:0> scan
'teacher',{VERSION=>1,COLUMNS=>'info:name',ENDROW=>'row3'}
ROW       COLUMN+CELL
row1      column=info:name, timestamp=1561704317693, value=jane
row2      column=info:name, timestamp=1561704399431, value=linda
2 row(s) in 0.0270 seconds
```

⑥ 显示原始单元格记录。带显示原始单元格记录的scan命令用于显示原始记录（包含标记为删除而未被删除的记录）。

在HBase被删除的记录并不会立即从磁盘上清除，而是先被打上墓碑（mbstone marker）标记，等待下次major compaction时再被删除掉。所谓的原始单元格记录就是将已经被标记为删除，但是还未被删除的记录都显示出来。通过添加RAW参数来显示原始记录，不过这个参数必须配合VERSIONS参数一起使用。RAW参数不能跟COLUMNS参数一起使用。其命令格式如下：

```
scan '表名', { RAW => true, VERSIONS => 版本数 }
```

范例：查询teacher（教师表）中版本数为10，行键小于row3的原始记录信息。其命令和输出结果如下：

```
hbase(main):004:0> scan 'teacher',{RAW=>TRUE,VERSIONS=>10,ENDROW=>'row3'}
ROW      COLUMN+CELL
info     column=info:, timestamp=1561676884877, type=DeleteFamily
info     column=info:, timestamp=1561676035025, type=DeleteFamily
info     column=other:, timestamp=1561676884877, type=DeleteFamily
info     column=other:, timestamp=1561676035025, type=DeleteFamily
```

```
other      column=info:, timestamp=1561676910643, type=DeleteFamily
other      column=info:, timestamp=1561676053058, type=DeleteFamily
other      column=other:, timestamp=1561676910643, type=DeleteFamily
other      column=other:, timestamp=1561676053058, type=DeleteFamily
row1       column=extesion:major, timestamp=1561776255165, value=IOT
row1       column=info:, timestamp=1561704287513, type=DeleteFamily
row1       column=info:, timestamp=1561704154702, type=DeleteFamily
row1       column=info:name, timestamp=1561704317693, value=jane
row1       column=info:name, timestamp=1561677198217, value=jane
row1       column=info:num, timestamp=1561704309459, value=1001
row1       column=info:num, timestamp=1561677158991, value=1001
row1       column=other:, timestamp=1561704287513, type=DeleteFamily
row1       column=other:, timestamp=1561704154702, type=DeleteFamily
row1       column=other:class, timestamp=1561704328902, value=professor
row1       column=other:class, timestamp=1561677228720, value=computer001
row2       column=extesion:major, timestamp=1561776899365, value=IOT
row2       column=info:name, timestamp=1561704399431, value=linda
row2       column=info:num, timestamp=1561704363174, value=1002
row2       column=other:class, timestamp=1561704650872, value=instructor
4 row(s) in 0.0570 seconds
```

注意：HBase删除记录并不是真的删除了数据，而是放置了一个墓碑标记，把这个版本连同之前的版本都标记为不可见。这是为了性能着想，这样HBase就可以定期去清理这些已经被删除的记录，而不用每次都进行删除操作。“定期”的时间点是在HBase做自动合并（compaction，HBase整理存储文件时的一个操作，会把多个文件块合并成一个文件）的时候。这样删除操作对于HBase的性能影响被降到了最低，即使在很高的并发负载下大量删除记录也不会受到影响。

（2）get

① 读取一行数据。get命令和HTable类的get方法用于从HBase表中读取数据。使用get命令，可以同时获取一行数据。通过行键获取某行记录。

之前讲解的用scan命令可以查询到表的多条数据，而get命令只能查询一个单元格的记录，它的优势在于当表的数据很大时，get命令查询的速度远远高于scan命令。其命令格式如下：

```
get '表名', '行键'
```

范例：查询teacher（教师表）的行键为row1的单元格信息，其命令和输出结果如下：

```
hbase(main):002:0> get 'teacher','row1'
COLUMN           CELL
extesion:major   timestamp=1561776255165, value=IOT
info:name        timestamp=1561704317693, value=jane
info:num         timestamp=1561704309459, value=1001
other:class      timestamp=1561704328902, value=professor
1 row(s) in 0.0880 seconds
```

② 读取指定列。其命令格式如下：

```
get '表名', '行键', {COLUMN =>'column family:column name'}
```

范例：使用get方法读取teacher（教师表）中指定列的信息，即other（其他信息）列族的class（类别）信息。其命令和输出结果如下：

```
hbase(main):006:0> get 'teacher','row1',{COLUMN=>'other:class'}
COLUMN          CELL
other:class     timestamp=1561704328902, value=professor
1 row(s) in 0.0150 seconds
```

get支持scan所支持的大部分属性，具体支持的属性如表2-1所示。

表2-1 get支持的属性

列族属性	含义
COLUMNS	列族
TIMERANGE	时间戳
VERSIONS	版本
FILTER	过滤器

范例：使用get命令来获取teacher（教师表）中一个单元格内的多个版本数据，本范例是查询row1（extesion:major）的信息，并把查询版本数设置为5。

```
hbase(main):011:0> get 'teacher','row1',{COLUMN=>'extesion:major',VERSI
ON=>5}
COLUMN            CELL
extesion:major    timestamp=1561776255165, value=IOT
1 row(s) in 0.0150 seconds
```

（3）put

在HBase中，如果一行有10列，则存储一行的数据要写10行语句。这是因为HBase中行的每一个列都存储在不同的位置，用户必须指定要存储在哪个单元格；而单元格需要根据表、行、列这几个维度来定位，插入数据时用户必须告诉HBase需要把数据插入到哪个表、哪个列族、哪个行以及哪个列。

put命令在新增记录的同时还可以为记录设置属性。其常用的命令格式如下：

```
put '表名', '行键', '列名', '值'
```

其他命令格式如下：

```
put '表名', '行键', '列名', '值',时间戳
put '表名', '行键', '列名', '值', { '属性名' => '属性值'}
put '表名', '行键', '列名', '值',时间戳, { '属性名' => '属性值'}
put '表名', '行键', '列名', '值', { ATTRIBUTES => {'属性名' => '属性名'}}
put '表名', '行键', '列名', '值',时间戳, { ATTRIBUTES => {'属性' => '属性名'}}
put '表名', '行键', '列名', '值',时间戳, { VISIBILITY => 'PRIVATE|SECRET'}
```

范例：使用put命令向teacher（教师表）| extesion（扩展信息列族）| major（专业列）下行键row1、row2和row3分别插入IOT（物联网专业）值。其命令如下：

```
hbase(main):002:0> put 'teacher','row1','extesion:major','IOT'
0 row(s) in 0.3270 seconds
hbase(main):003:0> put 'teacher','row2','extesion:major','IOT'
0 row(s) in 0.0100 seconds
hbase(main):004:0> put 'teacher','row3','extesion:major','IOT'
0 row(s) in 0.0080 seconds
```

下列所示代码是通过scan命令查看插入数据前的结果。其中，ROW列显示的就是rowkey，COLUMN+CELL显示的就是这个记录的具体列族（column中冒号前面的部分）、列（colum中冒号后面的部分）、时间戳（timestamp）、值（value）的信息。

```
hbase(main):001:0> scan 'teacher'
    ROW       COLUMN+CELL
    row1      column=info:name, timestamp=1561704317693, value=jane
    row1      column=info:num, timestamp=1561704309459, value=1001
    row1      column=other:class, timestamp=1561704328902, value=professor
    row2      column=info:name, timestamp=1561704399431, value=linda
    row2      column=info:num, timestamp=1561704363174, value=1002
    row2      column=other:class, timestamp=1561704650872, value=instructor
    row3      column=info:name, timestamp=1561777060636, value=juice
    row3      column=info:num, timestamp=1561777040403, value=1003
    row3      column=other:class, timestamp=1561777091813, value=professor
    3 row(s) in 0.4470 seconds
```

插入数据后用scan命令查询，其命令和输出结果如下：

```
hbase(main):005:0> scan 'teacher'
ROW                 COLUMN+CELL
row1                column=extesion:major, timestamp=1561817555304, value=IOT
row1           column=info:name, timestamp=1561704317693, value=jane
row1           column=info:num, timestamp=1561704309459, value=1001
row1           column=other:class, timestamp=1561704328902, value=professor
row2           column=extesion:major, timestamp=1561817571924, value=IOT
row2           column=info:name, timestamp=1561704399431, value=linda
row2           column=info:num, timestamp=1561704363174, value=1002
row2           column=other:class, timestamp=1561704650872, value=instructor
row3           column=extesion:major, timestamp=1561817589793, value=IOT
row3           column=info:name, timestamp=1561777060636, value=juice
row3           column=info:num, timestamp=1561777040403, value=1003
row3           column=other:class, timestamp=1561777091813, value=professor
3 row(s) in 0.0820 seconds
```

（4）append

append命令是用于给某个单元格的值拼接上新的值。原本要给单元格的值拼接新值需要完成两步操作：

① 需要先用get读取这个单元格的值。

② 拼接上新值后再进行put操作。

而append命令简化了这两步操作为一步完成。这样做的目的不仅方便，而且保证了原子性。其他命令格式如下：

```
append '表名', '行键', '列名', '值'
append '表名', '行键', '列名', '值', ATTRIBUTES => {'自定义键' => '自定义值'}
append '表名', '行键', '列名', '值', {VISIBILITY => 'PRIVATE|SECRET '}
```

注意：ACID是用户搭建使用数据库系统（作为存储应用系统）时需要掌握的一组要素，遵循这些要素可以让其应用更加合理和规范。

ACID中，A代表Atomicity（原子性），即原子不能分的操作属性，也就是说，操作要么全部都完成，要么全部都不完成。如果操作成功，则整个操作成功；相反，如果操作失败，则表示整个操作失败，系统回到操作开始前的状态。C代表Consistency（一致性），此操作属性是指把系统从一个有效状态带入另一个有效状态。如果操作使得系统出现不一致的情况，则不会执行此操作，或者操作被回退。I代表Isolation（隔离性），即两个执行的操作是互不干扰的。例如，对于同一对象来说，不会发生两个读操作，也就是说一个读操作发生完才可以完成另一个读操作，而不是同时发生。D代表Durability（持久性），即说明数据一旦写入，确保可以读回，而且不会在系统正常操作一段时间后导致数据丢失。

范例：使用append命令给teacher（教师表）的单元格（行键为row1，列名为name）拼接上新的值lily。

在拼接新的值前先用scan命令查看姓名列的信息，其命令和输出结果如下：

```
hbase(main):006:0> scan 'teacher',{COLUMNS=>'info:name'}
ROW       COLUMN+CELL
row1      column=info:name,timestamp=1561704317693,value=jane
row2      column=info:name, timestamp=1561704399431, value=linda
row3      column=info:name, timestamp=1561777060636, value=juice
3 row(s) in 0.0580 seconds
```

用append拼接后的命令如下：

```
hbase(main):007:0> append  'teacher', 'row1', 'info:name', 'lily'
0 row(s) in 0.0710 seconds
```

再用scan命令查看拼接后的结果如下：

```
hbase(main):008:0> scan 'teacher',{COLUMNS=>'info:name'}
ROW       COLUMN+CELL
row1      column=info:name, timestamp=1561818305549, value=janelily
row2      column=info:name, timestamp=1561704399431, value=linda
row3      column=info:name, timestamp=1561777060636, value=juice
3 row(s) in 0.0250 seconds
```

（5）delete

delete命令是用于删除某个列的数据。

① 简单删除。其命令格式如下：

```
delete '表名', '行键', '列名'
delete '表名', '行键', '列名', 时间戳
```

范例：将teacher（教师表）中的行键为row1的info:name单元格中的数据信息删除，执行命令如下：

```
hbase(main):010:0> delete 'teacher', 'row1', 'info:name'
0 row(s) in 0.0280 seconds
```

因为行键为row1的info:name单元格中的数据信息janelily后面的lily是拼接上去的，所以先要把拼接的值lily先删除，再用scan命令查询，其命令和输出结果如下：

```
hbase(main):011:0> scan 'teacher',{COLUMNS=>'info:name'}
ROW          COLUMN+CELL
row1         column=info:name, timestamp=1561704317693, value=jane
row2         column=info:name, timestamp=1561704399431, value=linda
row3         column=info:name, timestamp=1561777060636, value=juice
3 row(s) in 0.0270 seconds
```

继续用delete命令把行键为row1的info:name单元格中的信息全部删除，其代码如下：

```
hbase(main):012:0> delete 'teacher', 'row1', 'info:name'
0 row(s) in 0.0140 seconds
```

用scan命令查询结果，行键为row1的info:name单元格中的信息被删除了，其代码如下：

```
hbase(main):001:0> scan 'teacher',{COLUMNS=>'info:name'}
ROW          COLUMN+CELL
row2         column=info:name, timestamp=1561704399431, value=linda
row3         column=info:name, timestamp=1561777060636, value=juice
2 row(s) in 0.5390 seconds
```

注意：传统的关系型数据库中的删除语句是指把整行数据删除，而HBase中一条删除语句只完成了删除单元格中的数据，而单元格的最小维度定义就是精确到列的。因为HBase就是这么存储数据的，一个row的不同列显示成不同的行，所有的单元格都是离散分布的。

② 根据版本删除数据。delete命令可以跟上时间戳（timestamp）参数，表明删除这个版本之前的所有版本的数据信息。其命令格式如下：

```
delete '表名', '行键', '列名',时间戳
```

范例：将teacher（教师表）中行键为row2、列名为info:name、时间戳为2之前版本的数据信息删除，其代码如下：

```
hbase(main):001:0> delete 'teacher', 'row2', 'info:name',2
0 row(s) in 0.5180 seconds
```

注意：HBase删除记录并不是真的删除了数据信息，而是放置了一个墓碑标记，把这个版本连同之前的版本都标记为不可见。

（6）deleteall

deleteall命令用于删除整行数据，也可以删除单列数据，它就像是delelte的增强版。其命令格式如下：

```
deleteall '表名', '行键'
deleteall '表名', '行键', '列名'
```

```
deleteall '表名', '行键', '列名', 时间戳
```

注意：如果一个行有很多列，用delete来删除记录会很浪费时间，所以HBase shell还提供了deleteall命令来删除整行记录。若在HBase中使用delete命令来删除记录，不写列的信息是无法删除的；而用deleteal可以不写列信息，只写行信息即可。

范例：将teacher（教师表）中行键为row1的所有单元的信息删除。

删除前用scan命令查询的结果如下：

```
hbase(main):005:0> scan 'teacher'
ROW         COLUMN+CELL
row1        column=extesion:major, timestamp=1561817555304, value=IOT
row1        column=info:num, timestamp=1561704309459, value=1001
row1        column=other:class, timestamp=1561704328902, value=professor
row2        column=extesion:major, timestamp=1561817571924, value=IOT
row2        column=info:name, timestamp=1561704399431, value=linda
row2        column=info:num, timestamp=1561704363174, value=1002
row2        column=other:class, timestamp=1561704650872, value=instructor
row3        column=extesion:major, timestamp=1561817589793, value=IOT
row3        column=info:name, timestamp=1561777060636, value=juice
row3        column=info:num, timestamp=1561777040403, value=1003
row3        column=other:class, timestamp=1561777091813, value=professor
3 row(s) in 0.0410 seconds
```

用deleteall命令将行键为row1的单元格信息删除，其代码如下：

```
hbase(main):006:0> deleteall 'teacher','row1'
0 row(s) in 0.0410 seconds
```

执行上述命令，将行键为row1的单元格信息删除，只剩下行键为row2和row3的单元格信息。用scan命令查询的结果如下：

```
hbase(main):007:0> scan 'teacher'
ROW         COLUMN+CELL
row2        column=extesion:major, timestamp=1561817571924, value=IOT
row2        column=info:name, timestamp=1561704399431, value=linda
row2        column=info:num, timestamp=1561704363174, value=1002
row2        column=other:class, timestamp=1561704650872, value=instructor
row3        column=extesion:major, timestamp=1561817589793, value=IOT
row3        column=info:name, timestamp=1561777060636, value=juice
row3        column=info:num, timestamp=1561777040403, value=1003
row3        column=other:class, timestamp=1561777091813, value=professor
2 row(s) in 0.0610 seconds
```

（7）count

count命令用于计算表的行数量。

① 简单计算。其命令格式如下：

```
count '表名'
```

范例：显示teacher（教师表）的行数量，本案例结果显示一共有2行数据信息（即行键为

row2和row3数据信息）。其命令和输出结果如下：

```
hbase(main):008:0> count 'teacher'
2 row(s) in 0.0460 seconds
=> 2
```

② 指定计算步长。通过指定INTERVAL参数来指定步长。若使用不带参数的count命令，要等到所有行数都计算完毕才能显示结果；若指定了INTERVAL参数，则表示Shell会立即显示当前计算的行数结果和当前所在的行键。其命令格式如下：

```
count '表名', INTERVAL => 行数计算步长
```

③ 指定缓存。通过指定CACHE（缓存）参数来加速计算表行数的过程，注意INTERVAL和CACHE是可以同时使用的。其命令格式如下：

```
count '表名', CACHE => 缓存条数
```

范例：按步长为2，缓存条数为2显示teacher（教师表）中的行数，本范例中'teacher'中只有两行数据信息。其命令和输出结果如下：

```
hbase(main):014:0> count 'teacher',CACHE=>2,INTERVAL=>2
Current count: 2, row: row3
2 row(s) in 0.0260 seconds
=> 2
```

（8）get_splits

get_splits命令用于获取表所对应的Region个数。因为一开始只有一个Region，由于Region逐渐变大，Region被拆分（split）为多个，所以这个命令称为get_splits。其命令格式如下：

```
get_splits '表名'
```

范例：通过get_splits命令来获取teacher（教师表）中所对应的Region个数（本案例为1），其命令和输出结果如下：

```
hbase(main):032:0> get_splits 'teacher'
Total number of splits = 1
=> []
```

（9）truncate

truncate命令是禁止删除并重新创建一个表。这个命令跟关系型数据库中同名的命令实现的功能是一样的，即清空表内数据，保留表的属性。但是，HBase truncate表的方式其实就是先删除表，再重新建表的过程。

其命令格式如下：

```
truncate '表名
```

范例：通过truncate命令来截断表teacher，其命令和输出结果如下：

```
hbase(main):033:0> truncate 'teacher'
Truncating 'teacher' table (it may take a while):
 - Disabling table...
 - Truncating table...
```

```
0 row(s) in 4.0660 seconds
```

截断表之后，使用scan命令来验证，即会得到表的行数为零，其代码如下：

```
hbase(main):034:0> scan 'teacher'
ROW     COLUMN+CELL
0 row(s) in 0.1930 seconds
```

（10）truncate_preserve

truncate_preserve命令是用于清空表内数据，但是它会保留表所对应的Region。当用户希望保留Region的拆分规则时，可以使用它，避免重新定制Region拆分规则。其命令格式如下：

```
truncate_preserve '表名'
```

范例：通过truncate_preserve命令来清空teacher（教师表）中的数据信息，但是它会保留对应的Region。其命令和输出结果如下：

```
hbase(main):042:0> truncate_preserve 'teacher'
Truncating 'teacher' table (it may take a while):
 - Disabling table...
 - Truncating table...
0 row(s) in 3.6910 seconds
```

5. 安全

（1）list_security_capabilities

list_security_capabilities命令用于列出所有支持的安全特性。其命令格式如下：

```
list_security_capabilities
```

范例：通过list_security_capabilities命令来列出所有支持的安全特性，其命令和输出结果如下：

```
hbase(main):044:0> list_security_capabilities
SIMPLE_AUTHENTICATION
=> ["SIMPLE_AUTHENTICATION"]
```

下面3个命令使用需要两个前提条件：一个是带有security的HBase版本；另一个是配置完成Kerberos安全认证。所以，在此不举具体例子。

（2）grant

grant命令授予特定的权限，如读、写、执行和管理表给定一个特定的用户。grant可选的权限如表2-2所示。

表2-2 grant可选权限说明

grant可选权限	说　明
R	代表读取权限
W	代表写权限
X	代表执行权限
C	代表创建权限
A	代表管理权限

同样，若要表示整个命名空间，而不特指某张表，可以@命名空间名即可。其命令格式如下：

```
grant'用户','权限表达式'
grant'用户','权限表达式','表名'
grant'用户','权限表达式','表名','列族名'
grant'用户','权限表达式','表名','列族名','列名'
```

（3）revoke

revoke命令用于撤销用户访问表的权限。同样若要表示整个命名空间，而不特指某张表，可以@命名空间名。其命令格式如下：

```
revoke'用户','权限表达式'
revoke'用户','权限表达式','表名'
revoke'用户','权限表达式','表名','列族名'
revoke'用户','权限表达式','表名','列族名','列名'
```

（4）user_permission

user_permission命令用于列出特定表的所有权限，或者指定用户针对指定表的权限。如果要表示整个命名空间，而不特指某张表，可以@命名空间名。其命令格式如下：

```
user_permission
user_permission '表名'
```

任务 2.2　综合案例实训

任务目标

通过一个案例，将任务2.1中所讲的知识融会贯通，掌握HBase Shell的常用命令，包括创建表、列出表、对表的数据操作、禁用/启用表、表描述、查找表存在与否以及删除表等操作。

知识学习

参看本单元任务2.1相关知识学习。

任务实施

本任务需要进行操作如下：

① 创建一个专业表（major），同时此表包含两个列族：基本信息列族（info）和其他信息列族（other），接下来的命令操作是在此表的基础上进行的。

② 显示出目前数据库中所有表的列表信息。

③ 向专业表中插入两条信息，具体数据如下：

• 行键为row1，其中基本信息列族的三列信息：专业编号（mnum）为m001，专业姓名（mname）为computer（计算机），所属学院（college）为IOT College（物联网学院）；其他信息列族下的一列信息：专业类别（class）为engineer（工学）。

• 行键为row2，其中基本信息列族的三列信息：专业编号（mnum）为m002，专业姓名（mname）为IOT（物联网），所属学院（college）为IOT College；其他信息列族下的一列信息：专业类别（class）为engineer。

④ 查询专业表中row2行的数据信息。

⑤ 为专业表中row1行基本信息列族下的专业编号后拼接新的值-1，使得专业编号由原先的m001变为m001-1。

⑥ 将专业表中行键为row2，基本信息列族下的专业编号列的信息删除。

⑦ 禁用和启用专业表。

⑧ 输出专业表的描述信息。

⑨ 修改专业表的信息，涵盖：

• 基本信息列族单元格的最大数目设置为5。

• 删除其他信息列族。

• 专业表设置为只读属性。

⑩ 验证专业表是否存在。

⑪ 删除专业表。

1. 使用HBase Shell创建表

使用create命令创建一个新表major（专业表）。此表包含两个列族：基本信息列族info；其他信息列族other。其命令和输出结果如下：

```
hbase(main):021:0> create 'major','info','other'
0 row(s) in 1.3140 seconds
=> Hbase::Table - major
```

2. HBase列出表

当输入list命令，并在HBase提示符下执行时，会显示HBase中的所有表的列表，可以看出数据库中显示刚刚新建的major（专业表）和其他已经存在的表。命令和输出结果如下：

```
hbase(main):026:0> list
TABLE
a
course
major
phone
student
teacher
testtable
7 row(s) in 0.0150 seconds
=> ["a", "course", "major", "phone", "student", "teacher", "testtable"]
```

3. 掌握HBase shell命令对表的数据操作

（1）增加数据

利用put命令向major（专业表）中插入两个单元格数据信息，为major表的基本信息列族

info增加3列：mnum（专业编号）、mname（专业姓名）和college（所属学院）；其他信息列族other增加一列：class（专业类别），代码如下：

```
hbase(main):027:0> put 'major','row1','info:mnum','m001'
0 row(s) in 0.0200 seconds
hbase(main):028:0> put 'major','row1','info:mname','computer'
0 row(s) in 0.0160 seconds
hbase(main):029:0> put 'major','row1','info:college','IOT College'
0 row(s) in 0.0100 seconds
hbase(main):030:0> put 'major','row2','info:mnum','m002'
0 row(s) in 0.0200 seconds
hbase(main):031:0> put 'major','row2','info:mname','IOT'
0 row(s) in 0.0090 seconds
hbase(main):032:0> put 'major','row2','info:college','IOT college'
0 row(s) in 0.0150 seconds
hbase(main):033:0> put 'major','row1','other:class','engineer'
0 row(s) in 0.0220 seconds
hbase(main):034:0> put 'major','row2','other:class','engineer'
0 row(s) in 0.0090 seconds
```

利用scan命令将major（专业表）中的信息查询出来，代码如下：

```
hbase(main):035:0> scan 'major'
ROW      COLUMN+CELL
row1     column=info:college, timestamp=1561827806723, value=IOT College
row1     column=info:mname, timestamp=1561827778347, value=computer
row1     column=info:mnum, timestamp=1561827744978, value=m001
row1     column=other:class, timestamp=1561828016012, value=engineer
row2     column=info:college, timestamp=1561827897016, value=IOT college
row2     column=info:mname, timestamp=1561827858559, value=IOT
row2     column=info:mnum, timestamp=1561827840181, value=m002
row2     column=other:class, timestamp=1561828029630, value=engineer
2 row(s) in 0.0310 seconds
```

（2）获取数据

查询major（专业表）的行键为row2的数据信息，其命令和输出如下：

```
hbase(main):036:0> get 'major','row2'
COLUMN              CELL
info:college        timestamp=1561827897016, value=IOT college
info:mname          timestamp=1561827858559, value=IOT
info:mnum           imestamp=1561827840181, value=m002
other:class         timestamp=1561828029630, value=engineer
1 row(s) in 0.0710 seconds
```

使用get命令读取major（专业表）中指定列的信息（即基本信息列族info的专业名称列mnum）。其命令和输出如下：

```
hbase(main):037:0> get 'major','row1',{COLUMN=>'info:mnum'}
COLUMN            CELL
```

（3）追加数据

下面使用append命令给major（专业表）的单元格（行键为row1，列名为mnum）拼接上的新的值-1。在拼接新的值前先用scan命令查看姓名列的信息，行键为row1，列名为mnum的值为m001，代码如下：

```
hbase(main):039:0>  scan 'major',{COLUMNS=>'info:mnum'}
ROW          COLUMN+CELL
row1         column=info:mnum, timestamp=1561827744978, value=m001
row2         column=info:mnum, timestamp=1561827840181, value=m002
2 row(s) in 0.0360 seconds
```

用append拼接后的代码如下：

```
hbase(main):044:0> append  'major', 'row1', 'info:mnum', '-1'
0 row(s) in 0.0080 seconds
```

再用scan命令查看拼接后结果，行键为row1，列名为mnum的值变为m001-1，其代码如下：

```
hbase(main):045:0>  scan 'major',{COLUMNS=>'info:mnum'}
ROW         COLUMN+CELL
row1        column=info:mnum, timestamp=1561828983273, value=m001-1
row2        column=info:mnum, timestamp=1561827840181, value=m002
2 row(s) in 0.0170 seconds
```

（4）删除数据

将major（专业表）中行键为row2的info:mnum（基本信息列族|专业编号）单元格中的数据信息删除，删除前用scan命令查询数据信息，其代码如下：

```
hbase(main):047:0> scan 'major',{COLUMNS=>'info:mnum'}
ROW          COLUMN+CELL
row1         column=info:mnum, timestamp=1561828983273, value=m001-1
row2         column=info:mnum, timestamp=1561827840181, value=m002
2 row(s) in 0.0220 seconds
```

使用delete命令，代码如下：

```
hbase(main):048:0> delete 'major', 'row2', 'info:mnum'
0 row(s) in 0.0140 seconds
```

删除后用scan命令查询，结果如下，可以发现row2的专业名称列mnum的信息被已被删除。

```
hbase(main):001:0> scan 'major',{COLUMNS=>'info:mnum'}
ROW          COLUMN+CELL
row1         column=info:mnum, timestamp=1561828983273, value=m001-1
1 row(s) in 0.5210 seconds
```

将major（专业表）中行键为row2的所有数据信息删除，删除前用scan命令查询数据信息，其代码如下：

```
hbase(main):002:0> scan 'major'
```

```
ROW         COLUMN+CELL
row1        column=info:college, timestamp=1561827806723, value=IOT College
row1        column=info:mname, timestamp=1561827778347, value=computer
row1        column=info:mnum, timestamp=1561828983273, value=m001-1
row1        column=other:class, timestamp=1561828016012, value=engineer
row2        column=info:college, timestamp=1561827897016, value=IOT college
row2        column=info:mname, timestamp=1561827858559, value=IOT
row2        column=other:class, timestamp=1561828029630, value=engineer
2 row(s) in 0.0400 seconds
```

使用delete命令，代码如下：

```
hbase(main):003:0> deleteall 'major','row2'
0 row(s) in 0.0800 seconds
```

删除后用scan命令查询，结果如下，可以发现row2单元格的信息全部被删除了：

```
hbase(main):009:0> scan 'major'
ROW      COLUMN+CELL
row1     column=info:college, timestamp=1561827806723, value=IOT College
row1     column=info:mname, timestamp=1561827778347, value=computer
row1     column=info:mnum, timestamp=1561828983273, value=m001-1
row1     column=other:class, timestamp=1561828016012, value=engineer
1 row(s) in 0.0490 seconds
```

4. HBase禁用表

要删除表或改变其设置，首先需要使用disable命令关闭表。使用enable命令，可以重新启用表。

将major（专业表）禁用，其命令如下：

```
hbase(main):012:0> disable 'major'
0 row(s) in 2.3680 seconds
```

禁用表之后，仍然可以通过list和exists命令查看到，但无法扫描到它存在，会给出错误“major is disabled”，其代码如下：

```
hbase(main):013:0> scan 'major'
ROW         COLUMN+CELL
ERROR: major is disabled.
```

验证'major'（专业表）是否被禁用。若此表禁用返回true，否则会返回false。其命令和输出如下：

```
hbase(main):014:0>  is_disabled 'major'
true
0 row(s) in 0.0180 seconds
```

注意：本例结果返回true表示major（专业表）已经被禁用。

5. HBase启用表

实现启用major（专业表），其命令和输出如下：

```
hbase(main):015:0> enable 'major'
```

```
0 row(s) in 1.3990 seconds
```

启用major表之后用scan命令扫描，若能看到下列打印内容，则证明表已成功启用，其代码如下：

```
hbase(main):001:0> scan 'major'
ROW     COLUMN+CELL
row1    column=info:college, timestamp=1561827806723, value=IOT College
row1    column=info:mname, timestamp=1561827778347, value=computer
row1    column=info:mnum, timestamp=1561828983273, value=m001-1
row1    column=other:class, timestamp=1561828016012, value=engineer
1 row(s) in 0.4060 seconds
```

验证major（专业表）是否启用。若启用将返回true，否则它会返回false。其命令和输出如下：

```
hbase(main):001:0> is_enabled 'major'
true
0 row(s) in 0.3520 seconds
```

注意：本例结果返回true则表示major（专业表）已经被启用。

6. HBase表描述

对major（专业表）用describe命令输出此表的描述信息，其命令和输出如下：

```
hbase(main):002:0>  describe 'major'
Table major is ENABLED
major
COLUMN FAMILIES DESCRIPTION
{NAME => 'info', DATA_BLOCK_ENCODING => 'NONE', BLOOMFILTER => 'ROW',
REPLICATION_SCOPE=> '0', VERSIONS => '1', COMPRESSION => 'NONE', MIN_
VERSIONS => '0', TTL => 'FOREVER',
KEEP_DELETED_CELLS => 'FALSE', BLOCKSIZE => '65536', IN_MEMORY =>
'false', BLOCKCACHE => 'true'}
{NAME => 'other', DATA_BLOCK_ENCODING => 'NONE', BLOOMFILTER => 'ROW',
REPLICATION_SCOPE => '0', VERSIONS => '1', COMPRESSION => 'NONE', MIN_
VERSIONS => '0', TTL => 'FOREVER'
, KEEP_DELETED_CELLS => 'FALSE', BLOCKSIZE => '65536', IN_MEMORY =>
'false', BLOCKCACHE=> 'true'}
2 row(s) in 0.0820 seconds
```

7. HBase表修改

（1）更改列族单元格的最大数目

将major（专业表）的列族单元info的最大数目设置为5，其命令和输出如下：

```
hbase(main):004:0> alter 'major', NAME => 'info', VERSIONS => 5
Updating all regions with the new schema...
1/1 regions updated.
Done.
0 row(s) in 2.2670 seconds
```

（2）删除列族

将major（专业表）的other列族删除。删除前用scan命令查询数据信息，其代码如下：

```
hbase(main):005:0> scan 'major'
ROW      COLUMN+CELL
row1     column=info:college, timestamp=1561827806723, value=IOT College
row1     column=info:mname, timestamp=1561827778347, value=computer
row1     column=info:mnum, timestamp=1561828983273, value=m001-1
row1     column=other:class, timestamp=1561828016012, value=engineer
1 row(s) in 0.0550 seconds
```

现在使用alter命令删除指定的other列族，命令和输出结果如下：

```
hbase(main):006:0> alter 'major','delete'=>'other'
Updating all regions with the new schema...
0/1 regions updated.
1/1 regions updated.
Done.
0 row(s) in 3.2310 seconds
```

现在验证该表中变更后的数据。可以观察到other列族也没有了，因为前面已经被删除了。其命令和输出结果如下：

```
hbase(main):007:0> scan 'major'
ROW       COLUMN+CELL
row1      column=info:college, timestamp=1561827806723, value=IOT College
row1      column=info:mname, timestamp=1561827778347, value=computer
row1      column=info:mnum, timestamp=1561828983273, value=m001-1
1 row(s) in 0.0190 seconds
```

（3）设置只读

将major（专业表）设置为只读，其命令和输出如下：

```
hbase(main):008:0> alter 'major',READONLY
Updating all regions with the new schema...
1/1 regions updated.
Done.
0 row(s) in 2.2090 seconds
```

8. HBase验证存在与否

使用exists命令验证major（专业表）是否存在。此案例输出“Table major does exist”，则表示此表在数据库中是存在的。其命令和输出结果如下：

```
hbase(main):009:0> exists 'major'
Table major does exist
0 row(s) in 0.0220 seconds
```

9. HBase删除表

将major（专业表）删除。注意在删除一个表之前必须先将其禁用，其代码如下：

```
hbase(main):010:0> disable 'major'
```

```
0 row(s) in 2.3270 seconds
hbase(main):011:0> drop 'major'
0 row(s) in 1.3060 seconds
```

使用exists命令验证major表是否被删除，其代码如下：

```
hbase(main):001:0> exists 'major'
Table major does not exist
0 row(s) in 0.3990 seconds
```

注意：输出结果为Table major does not exist，则表明major表已经不存在，即已经删除。

单元小结

本单元主要介绍了常用的HBase Shell命令，涵盖HBase Shell的通用操作、DDL（数据定义语言）操作、DML（数据操纵语言）操作和安全操作，通过本单元的学习，可以令学生掌握最基本的HBase Shell命令，为后续复杂的HBase操作打下坚实基础。

课后练习

一、选择题

1. 在HBase中（　　）命令表示通过正则表达式来启动指定表。

A. enable　　B. enable_all　　C. disable　　D. drop

2. 在ACID语义中的A代表（　　），即代表原子不能分的操作属性，换句话说就是操作要么全部完成，要么全部不完成。如果操作成功，则整个操作成功，反之亦然。

A. Atomicity　　B. Ailment　　C. airborne　　D. allotment

3. 在HBase中（　　）列族属性用于限定数据的超时时间。

A. IN_MEMORY　　B. MIN_VERSIONS　　C. COMPRESSION　　D. TTL

4. 下面（　　）命令不属于HBase Shell中的DDL（数据定义语言）操作。

A. create　　B. alter　　C. put　　D. exists

5. 在HBase Shell中（　　）命令用于列出所有支持的安全特性。

A. grant　　B. list_security_capabilities

C. user_permission　　D. revoke

二、填空题

1. 在HBase Shell中________命令提供了正在使用的HBase版本。

2. 使用drop命令将表从HBase中删除首先必须使用________命令将此表禁用方可删除。

3. 表级别属性MAX_FILESIZE表示设置________。

4. HBase删除记录并不是真的删除了数据，而是放置了一个________，也就是说把这个版本连同之前的版本都标记为不可见了。

5. 在HBase中，________命令用于计算表的行数量。

单元 3 HBase 客户端 API

HBase 的主要客户端接口是由 org.apache.hadoop.hbase.client 包中的 HTable 类提供的，用户通过此类可以完成向 HBase 存储和检索数据，以及删除无效数据之类的操作。

通常在正常负载和常规操作下，客户端读操作不会受到其他修改数据的客户端影响，因为它们之间的冲突可以忽略不计。但是，当许多客户端需要同时修改同一行数据时就会产生问题。所以，用户应当尽量使用批量处理（batch）更新来减少单独操作同一行数据的次数。

写操作中涉及的列的数目不会影响该行数据的原子性，行原子性会同时保护到所有列。最后创建 HTable 实例是有代价的。每个实例都需要扫描 META 表，以检查该表是否存在、是否可用，此外还要执行一些其他操作，这些检查和操作导致实例调用非常耗时。因此，推荐用户只创建一次 HTable 实例，而且是每个线程创建一个，然后在客户端应用的生存期内复用这个对象。

学习目标

视频

HBase 客户端API

【知识目标】

- 学习 HBase 中数据库的初始基本操作（CRUD）语法。
- 学习 HBase 中 API 调用，实现批量处理操作。
- 学习 HBase 中扫描（Scan）技术。
- 学习 HBase 的特性，涵盖支持的数据格式、Byte 类和 Htable 类。

【能力目标】

- 能够使用 Java 调用 HBase 客户端 API 来操作 HBase。
- 能够使用 HBase 客户端 API 完成数据库的基本操作，包括 CRUD、批处理和 Scan 操作。
- 能够实现 HBase 客户端 API 的应用。

任务 3.1　使用 HBase 的客户端 API

任务目标

① 使用 Eclipse 安装 HBase 开发环境。

② 使用 Java 调用 HBase 的客户端 API 来操作 HBase。

③ 熟悉 HBase 的表操作的基本方法。

知识学习

1. Eclipse

Eclipse是一个开放源代码的、基于Java的可扩展开发平台，它是著名的跨平台的自由集成开发环境（IDE）。最初其主要是由Java语言开发，附带了一个标准的插件集，包括Java开发工具（Java Development Kit，JDK）。现在已经可以使用插件技术作为当下流行的Python、C++、PHP等其他语言的开发工具。虽然Eclipse只是一个框架平台，但是其插件技术的支持，使得Eclipse变得更加灵活。

（1）功能介绍

Eclipse本身只是一个框架和一组服务，主要通过插件组件构建开发环境Eclipse，涵盖两大部分：自身携带一个标准的插件集——Java开发工具（Java Development Kit，JDK）；插件开发环境（Plug-in Development Environment，PDE），这个组件主要针对希望扩展Eclipse的软件开发人员，因为它允许他们构建与Eclipse环境无缝集成的工具，支持诸如C/C++、COBOL、PHP、Android等编程语言的插件，预计将会推出更多工具。Eclipse框架还可用来作为与软件开发无关的其他应用程序类型的基础，如内容管理系统。

（2）架构

Eclipse是基于富客户机平台（Rich Client Platform，RCP）。而富客户机平台包含以下几个组件：

① 核心平台：启动Eclipse开发环境，运行插件。

② OSGi（Open Service Gateway Initiative，即标准集束框架）：是Java动态化模块化系统的一系列规范。简单地说，OSGi可以认为是Java平台的模块层。

③ SWT（可Standard Widget Toolkit，即移植构件工具包）：是一个开源的GUI编程框架。

④ JFace（即文件缓冲、文本处理、文本编辑器）：是Eclipse组织为了开发Eclipse IDE环境所编写的一组底层图形界面API，其底层实现了SWT。

⑤ Workbench（即Eclipse工作台）：涵盖视图（views）、编辑器（editors）、视角（perspectives）和向导（wizards）。

（3）设计思想

Eclipse的核心设计思想为“一切皆为插件”。虽然Eclipse的核心很小，但是其他所有功能均以插件的形式存在于Eclipse核心之上。Eclipse的核心内核涵盖Java开发环境插件（JDT）、插件开发环境（PDE）和图形API（SWT/Jface）。

（4）技术

Eclipse所采用的技术是SWT（Standard Widget Toolkit，标准构件工具包），此技术是由著名的IBM公司开发的，它是一种基于Java的窗口组件，与Java自身提供的AWT和Swing窗口组件有相似的用处；但是IBM声称SWT比其他Java窗口组件更高效。Eclipse的用户界面还使用了GUI中间层Jface（文本编辑器），在一定程度上简化了基于SWT技术的应用程序的构建。

Eclipse采用了插件机制，它是一种轻型软件组件化架构。Eclipse在富客户机平台上使用插件技术来提供其他附加功能，例如可以支持C/C++（CDT）、PHP、Perl、Ruby，Python、telnet和数据库开发。此外，插件技术可以将任意的扩展功能加入现有环境，例如配置管理。

（5）Eclipse的工作台介绍

Eclipse的工作台主要由菜单栏、工具栏、透视图工具栏、项目资源管理器视图、大纲视图、编辑器和其他视图组成，Eclipse的工作台如图3-1所示。

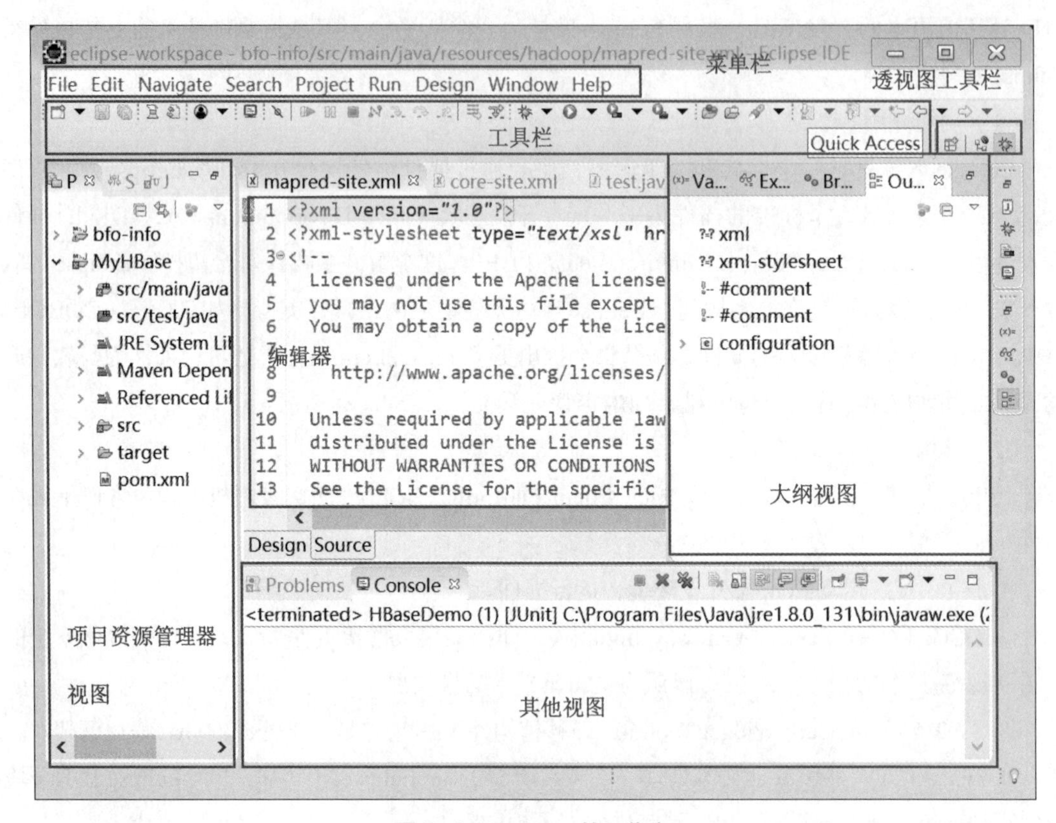

图3-1 Eclipse的工作台

在Eclipse工作台的上方提供了菜单栏，该菜单栏包含了实现Eclipse各项功能的命令，并且与编辑器相关，即菜单栏中的菜单项与当前编辑器内打开的文件是关联的。菜单涵盖文件、编辑、导航、搜索、项目、运行、设计、窗口和帮助菜单等。具体功能介绍如下所示：

① File（文件）菜单：可以建立、存储、关闭、打印、汇入及汇出工作台资源以及结束工作台本身，涵盖新建、（全部）关闭、存储、另存新档、全部存储、回复、移动、重命名、重新整理、打印、切换工作区和结束等。

② Edit（编辑）菜单：可协助操作编辑器区域中的资源，涵盖复原、重做、剪切、复制、粘贴、删除、全选、寻找/取代、寻找下一个（上一个）、增量寻找下一个（上一个）、新增作业、显示工具提示说明、内容辅助、快速修正、参数提示和编码等。

③ Navigator（导航）菜单：可协助操作编辑器区域中的资源，涵盖进入、移至、开启、开启类型阶层、开启呼叫阶层、开启super实作、开启外部Javadoc、开启类型、在“阶层”中开

启类型、显示在“套件浏览器、显示概要、显示类型阶层、移至下一个问题（上一个问题）、移至前次编辑位置、移至指定行号、向后和向前”等。

④ Search（搜索）菜单：涵盖搜寻、档案、Java、参照、宣告、实作者、读取权、写入权、档案中的搜寻结果、抛出例外的搜寻结果、搜寻范围子菜单等。

⑤ Project（项目）菜单：可以对工作台中的项目执行动作（建置或编译），涵盖开启专案、关闭专案、建置专案、重新建置工作集、清除、自动建置等。

⑥ Run（运行）菜单：涵盖切换行岔断点、切换方法岔断点、切换监视点、忽略所有的岔断点、新增Java异常状况岔断点、执行前一次的启动作业、除错前一次的启动作业、执行历程、执行、执行为、除错历程、视察、显示、执行和外部工具等。

⑦ Window（窗口）菜单：此菜单可以显示、隐藏，以及另行在工作台中操作各种视图、视景和动作，涵盖开新窗口、开启视景、显示视图、自订视景、另存新视景、重设视景、关闭视景、关闭所有视景、导览等。

⑧ Help（帮助）菜单：此菜单提供有关使用工作台的说明，涵盖欢迎使用、说明内容、要诀和技巧、提要、软件更新、关于Eclipse平台等。

2. HBase的客户端API常用类

Java API和HBase数据库模型之间的关系如表3-1所示。

表 3-1　Java API 和 HBase 数据库模型之间的关系图

Java API	HBase数据库模型
HBaseAdmin	数据库（Database）
HBaseConfiguration	
HTable	表（Table）
HTableDescriptor	列族（Column Family）
Put	行列操作
Get	
Scanner	

（1）HBaseConfiguration

所在包的位置：org.apache.hadoop.hbase.HBaseConfiguration。

作用：通过此类可以对HBase进行配置。

用法实例：

```
Configuration config = HBaseConfiguration.create();
```

所在包的位置：HBaseConfiguration.create()默认会从classpath中查找hbase-site.xml中的配置信息，初始化Configuration。

（2）HBaseAdmin

所在包的位置：org.apache.hadoop.hbase.client.HBaseAdmin。

作用：提供接口管理HBase数据库中的表信息。

用法实例：

```
HBaseAdmin admin = new HBaseAdmin(config);
```

（3）HTableDescriptor

所在包的位置：org.apache.hadoop.hbase.HTableDescriptor。

作用：HTableDescriptor类包含了表的名字以及表的列族信息。

用法实例：

```
HTableDescriptor htd =new HTableDescriptor(tablename);
Htd.addFamily(new HColumnDescriptor("myFamily"));
```

（4）HColumnDescriptor

所在包的位置：org.apache.hadoop.hbase.HColumnDescriptor。

作用：HColumnDescriptor 维护列族的信息。

用法实例：

```
HTableDescriptor htd =new HTableDescriptor(tablename);
Htd.addFamily(new HColumnDescriptor("myFamily"));
```

（5）HTable

所在包的位置：org.apache.hadoop.hbase.client.HTable。

作用：HTable和HBase的表通信。

用法实例：

```
HTable tab = new HTable(config,Bytes.toBytes(tablename));
ResultScanner sc = tab.getScanner(Bytes.toBytes("familyName"));
```

说明：获取表内列族familyNme的所有数据。

（6）Put

所在包的位置：org.apache.hadoop.hbase.client.Put。

作用：用来对单个行执行添加操作。

用法实例：

```
HTable table = new HTable(config,Bytes.toBytes(tablename));
Put put = new Put(row);
p.add(family,qualifier,value);
```

说明：向表tablename添加“family,qualifier,value”指定的值。

（7）Get

所在包的位置：org.apache.hadoop.hbase.client.Get。

作用：获取单个行的数据。

用法实例：

```
HTable table = new HTable(config,Bytes.toBytes(tablename));
 Get get = new Get(Bytes.toBytes(row));
```

```
Result result = table.get(get);
```

说明：获取tablename表中row行的对应数据。

（8）ResultScanner

所在包的位置：Interface。

作用：获取值的接口。

用法实例：

```
ResultScanner scanner = table.getScanner(Bytes.toBytes(family));
 For(Result rowResult : scanner)
{
    Bytes[] str = rowResult.getValue(family,column);
}
```

3. HTable类

（1）HTable类的基本概念

① 行主键（Row key）：HBase不支持关系数据库中的条件查询和Order by等查询，故读取记录只能按Row key（及其range）或全表扫描，而Row key需要根据业务来设计，以利用其存储排序特性（Table按Row key字典序排序，如1、10、100、11、2）提高性能。

② 列族（Column Family）：当表创建时，每个Column Family为一个存储单元。

③ 列（Column）：HBase的每个列都属于一个列族，以列族名为前缀，如列article:title和article:content属于article列族，author:name和author:nickname属于author列族。

Column不用在创建表时定义，即可以动态新增，同一Column Family的Columns会群聚在一个存储单元上，并依Column key排序，因此设计时应将具有相同I/O特性的Column设计在一个Column Family上以提高性能。

④ 时间戳（Timestamp）：HBase通过Row和Column确定一份数据，此数据的值可能有多个版本，不同版本的值按照时间倒序排序，即最新的数据排在最前面，查询时默认返回最新版本。Timestamp默认为系统当前时间（精确到毫秒），也可以在写入数据时指定该值。

⑤ 值（Value）：每个值通过4个键唯一确定索引，也就是说通过tableName（表名）、RowKey（行主键）、ColumnKey（列主键）以及Timestamp（时间戳）的组合来确定索引的值。

⑥ 存储类型：HTable类的存储类型如表3-2所示。

表 3-2 HTable 类的存储类型

对　象	存储类型
TableName	字符串
RowKey	二进制值（Java 类型 byte[]）
ColumnName	二进制值（Java 类型 byte[]）
Timestamp	一个 64 位整数（Java 类型 long）
value	一个字节数组（Java类型 byte[]）

理解存储结构有利于查询结果的迭代。即HTable按Row key（行主键）自动排序，每个Row包含任意数量个Columns，Columns之间按Column key（列主键）自动排序，每个Column包含任意数量个Values。

（2）Htable类的实用方法

① close：当用户使用完一个HTable实例之后，需要调用一次close()。此方法会刷写所有客户端缓冲的写操作，close()方法会隐式调用flushCache ()方法。其语法结构如下：

```
void close ()
```

② getTableName()：获取表名称快捷方法的基本语法结构如下：

```
byte[] getTableName()
```

③ getConfiguration：此方法允许用户访问HTable实例中使用的配置。因为得到的是Configuration实例的引用，所以用户修改的参数（针对客户端的）都会立即生效，其基本语法结构如下：

```
Configuration getConfiguration()
```

④ getTableDescriptor：每个表均需要使用一个HTableDescriptor实例来定义自己的表结构。用户可以使用此方法来访问这个表的底层结构定义。其基本语法结构如下：

```
HTableDescriptor getTableDescriptor()
```

⑤ isTableEnabled：HTable类提供4个不同的静态辅助方法，这4个方法都需要一个显式的配置和一个表名。如果没有提供显式的配置，此方法会找到class path下的配置文件，从而使用默认值创建一个隐式的配置。此方法可以检查表在Zookeeper中是否被标志为启用。其基本语法结构如下：

```
static boolean isTableEnabled(table)
```

⑥ 查看当前表的物理分布情况。查看当前表物理分布情况的基本语法结构如下：

```
byte[] [] getStartKeys()
byte[] [] getEndKeys()
Pair<byte[] [], byte[] []> getStartEndKeys()
```

注意：以上3种方法可以让用户查看当前表的物理分布情况，不过这个分布情况可能会在增添一些数据后发生变化。

这些方法以二维字节数组形式返回了表的所有Region的起始行键或者终止行键或者起始行键和终止行键。同时用户可以使用Bytes.toStringBinary()方法打印这些键。

⑦ 获取某一行数据的具体位置信息。基本语法结构如下：

```
void clearRegionCache()
HRegionLocation getRegionLocation(row)
Map<HRegionlnfo, HServerAddress> getRegionslnfo()
```

这些方法可以帮助用户获取某一行数据的具体位置信息，或者说这行数据所在的Region信息，以及所有Region的分布信息。用户也可以在必要时清空缓存的Region位置信息。这些方法可以让高级用户了解并使用这些信息，例如，控制集群流量或者调整数据的位置。

⑧ 高级方法。基本语法结构如下：

```
    void prewarmRegionCache(Map<HRegionlnfo, HServerAddress> regionMap)
static void setRegionCachePrefetch(table, enable)
    static boolean getRegionCachePrefetch(table)
```

这些方法可以先预取Region位置信息来避免耗时较多的操作。使用这些方法，用户可以先获取一个Region的信息表来预热一下Region缓存，也可以把整张表的预取功能打开。

4. HBase支持的数据格式

HBase中实际上的存储格式其实就只有一种byte[]，只要是能转化成字节数组的数据都可以被存储起来，所以可以说HBase支持所有能被转化为byte[]的格式。

HBase提供了一个工具类（Bytes）可以将各种数据类型转化为byte[]，所以实际上人们关心的“HBase支持哪些数据类型”问题应该转化为“Bytes工具类能转化哪些数据类型为byte[]”。

Bytes工具类可以转化的数据类型如表3-3所示。

表 3-3　Bytes 工具类可以转化的数据类型

方　法	含　义
BigDecimal	比float和double更精确
boolean	布尔类型
ByteBuffer	缓冲区
double	双精度类型
float	单精度类型
int	整型
long	长整型
short	短整型
String	字符串类型

注意：虽然Bytes工具类只能转化这些数据类型为byte[]，但不代表这些类型以外的数据就不能被存储进HBase。只不过别的数据类型需要用户自己去实现转化为byte[]的方法。

5. Bytes类

使用Bytes类可以转化Java的数据类型，例如将String或long转化为HBase原生支持的原始字节数组。

（1）常用方法

常用的方法主要有3种形式，其基本语法结构如下：

```
static long toLong(byte[] bytes)
//表示用户可以输入一个字节数组
static long toLong(byte[] bytes,int offset)
//表示用户可以输入一个字节数组再加一个偏移值
```

```
static long toLong(byte[] bytes,int offset,int length)
//表示用户一个字节数组、一个偏移值和一个长度值
```

具体使用上述3种方法的哪一种，取决于最初这个字节数组是怎么生成的。例如，这个字节数组之前是由toBytes()方法生成的，用户就可以安全地使用第一种形式的方法将其转化回来，此方法只需要传递此字节数组，而不需要传递其他额外信息，而整个数组的内容都是转换过来的值。

（2）putLong()方法

若API和HBase内部都把数据存储为一个较大的数组，其基本语法结构如下：

```
static int putLong(byte[] bytes,int offset,long val)
```

此方法允许用户把一个long值写入一个字节数组的特定偏移位置。用户可以使用上述介绍的两种toLong()方法（后两种方法）存取这种较大的字节数组的数据。

（3）其他方法

Bytes类支持Java类型到字节数组的互转，涵盖String、boolean、short、int、long、double和float。下面介绍下Bytes类提供的其他方法。

① toStringBinary()：此方法与toString()方法非常相似，可以安全地把不能打印的信息转换为人工可读的十六进制数。如果用户不清楚字节数组中的内容，可以使用此方法把内容打印出来，例如打印到日志文件或控制台中。

② compareTo()/equals()：此方法用于实现对两个byte[]（即字节数组）进行比较。其中，compareTo()用于返回一个比较结果，equals()用于返回一个布尔值，若两个数组相等，返回true，否则返回false。

③ add()/head()/tail()：此方法可以把两个字节数组连接在一起形成一个新的数组，head()用于取到字节数组头的一部分；tail()用于取到字节数组尾的一部分。

④ binarySearch()：此方法用于在用户给定的字节数组中二分查找一个目标值，并在字节数组上通过用户要查找的值和键进行操作。

⑤ incrementBytes()：此方法用于将一个long类型数据转化成的字节数组与long的数据相加并返回字节数组，若使用负数参数便进行减法。

注意：Bytes类与Java提供的ByteBuffer类的功能类似。不同之处在于Bytes类所有的操作因为考虑到某些情况下的性能优化，不需要创建一个新的实例，从而避免了许多不必要的垃圾回收。

任务实施

通过一个案例，将任务3.1中所讲的知识融会贯通，让学生从最简单的HBase版本的“Hello Word”程序入手学习。

案例描述：

① 用Eclipse安装HBase开发环境。

② 搭建简单的HBase的API程序，实现数据库的连接和表的创建，为下面介绍使用Java调

用客户端API操作HBase打下基础。

1. Eclipse安装HBase开发环境

Eclipse安装HBase开发环境的具体操作步骤如下：

① 启动Eclipse，选择File→New→Project命令新建工程，选择Maven Project（Maven项目），如图3-2所示。此工程名为MyHBase，如图3-3所示。

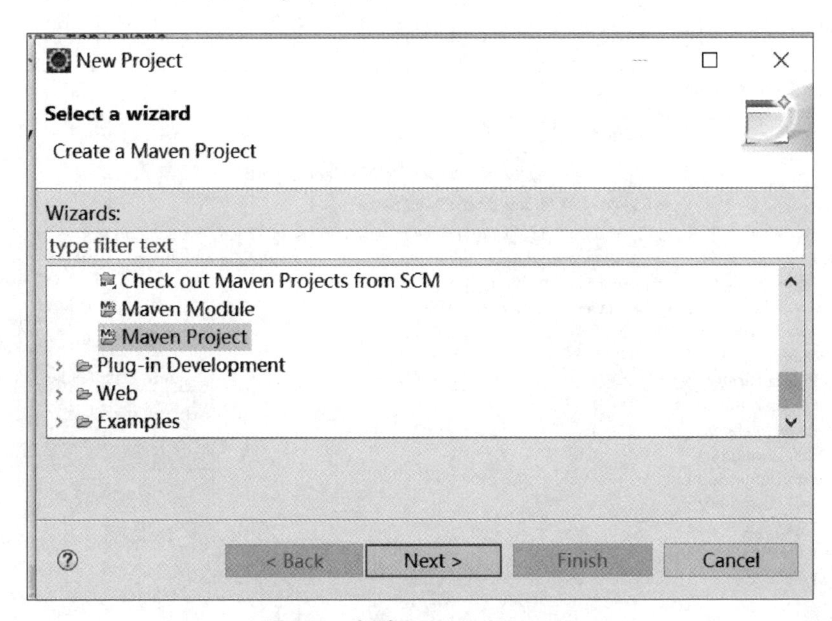

图3-2 新建Maven Project

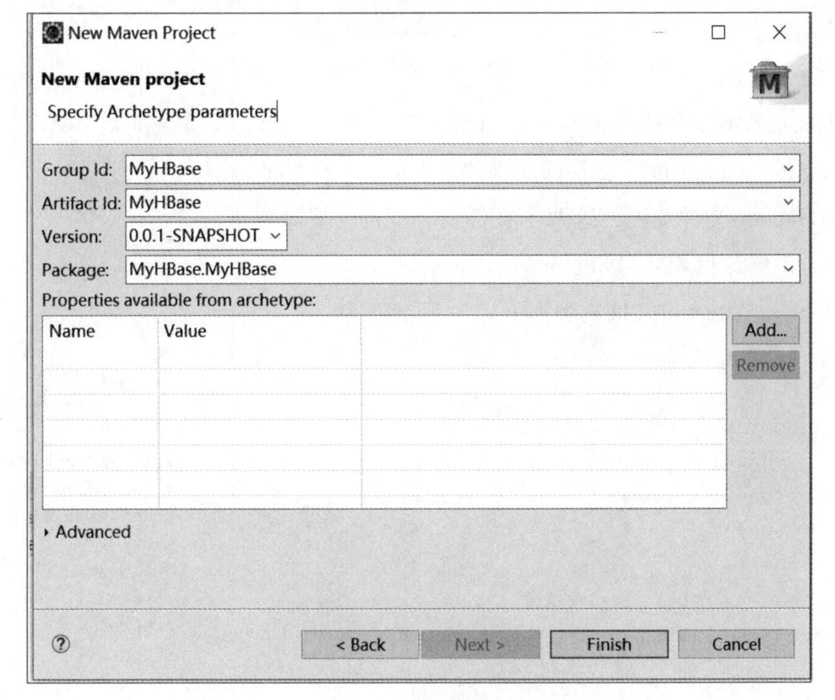

图3-3 新建工程名

② 现在需要在项目中放入HBase的配置文件。在main文件夹下建立 resource文件夹，在resource文件夹中继续添加hadoop和hbase文件夹，将Hadoop集群和HBase集群的配置文件放到如下路径：

/src/main/java/resource/hadoop

/src/main/ java/resource/hbase

将配置路径加入到classpath中，如图3-4所示。

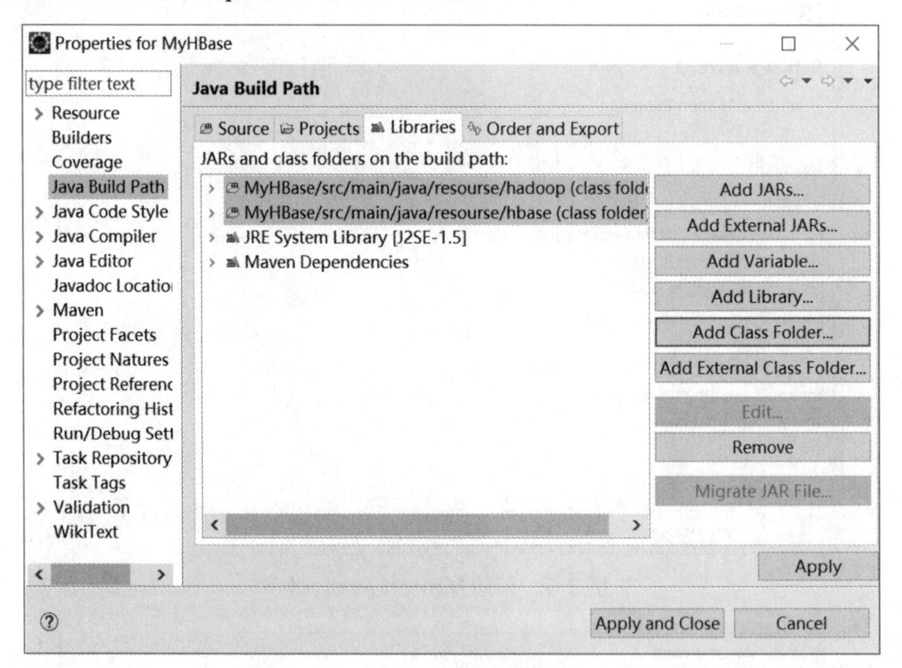

图3-4　配置路径

③ 把HBase配置文件夹中的hbase-site.xml和hadoop配置文件夹中的 core-site.xml配置文件都从服务器上拖下来分别放到HBase和Hadoop文件夹内，这两个文件就会被自动编译到编译目录下。最终的目录结构如图3-5所示。

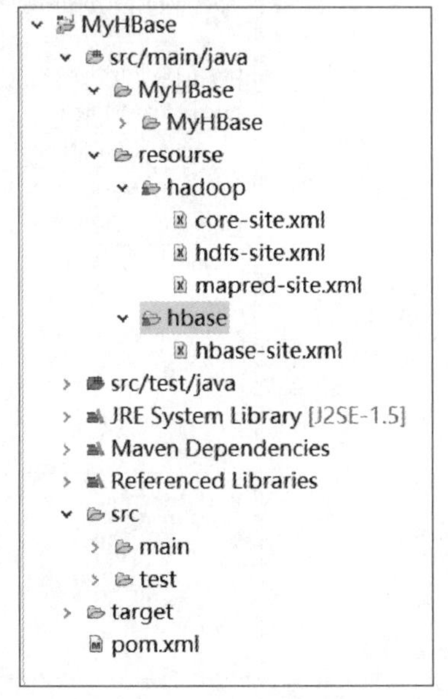

图3-5　目录结构

④ 其中hbase-site.xml文件内容如下：

```
<configuration>
<!--
    <property>
        <name>hbase.master</name>
        <value>slave0:60000</value>
    </property>
    <property>
<name>hbase.master.info.port</name>
<value>60010</value>
    </property>
    -->
```

```
    <property>
        <name>hbase.master.maxclockskew</name>
        <value>180000</value>
    </property>
    <property>
        <name>hbase.rootdir</name>
        <value>hdfs://slave0:9000/hbase</value>
    </property>
    <property>
        <name>hbase.cluster.distributed</name>
        <value>true</value>
    </property>
    <property>
        <name>hbase.zookeeper.property.dataDir</name>
        <value>/opt/module/zookeeper-3.4.10/data/zkData</value>
    </property>
    <property>
        <name>hbase.zookeeper.quorum</name>
        <value>slave0,slave1,slave2</value>
    </property>
</configuration>
```

⑤ 将Linux下部署的HBase集群下的lib目录复制到Windows下，并在Eclipse中将lib（里面的Hadoop库可能与安装的Hadoop版本不一致，后续可以考虑版本统一）下的所有库添加到工程，如图3-6所示。

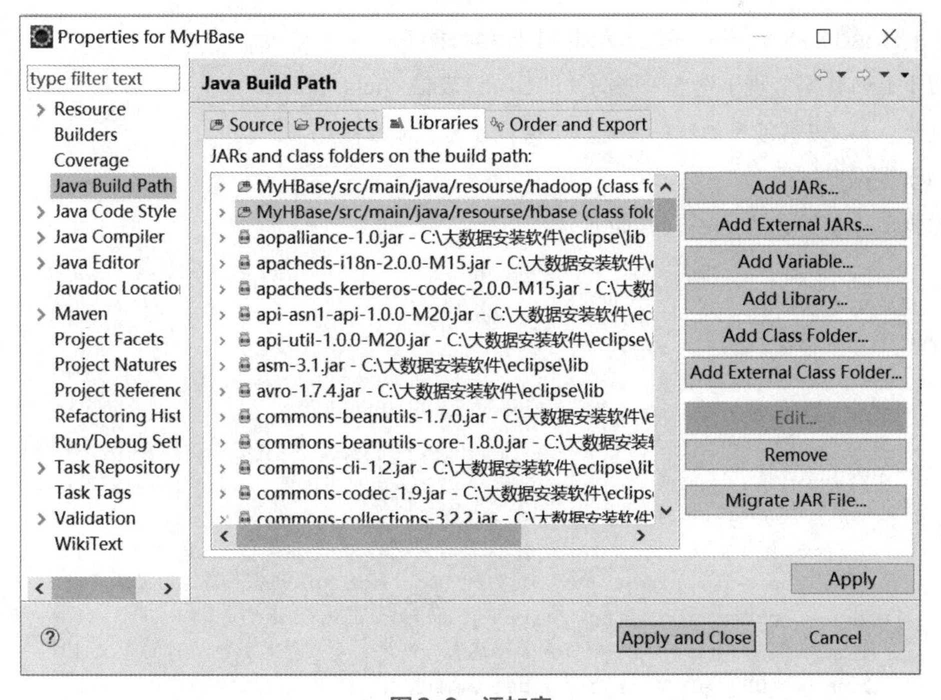

图3-6　添加库

⑥ 新建类CourseData，生成CourseData.java文件，如图3-7所示。

图3-7　生成CourseData.java文件

CourseData.java文件中内容如下：

```
package coursedata;
import java.io.IOException;
public class CourseData {
}
```

注意： 本单元所有代码均在此文件中编写。

⑦ 在窗口中右击，在弹出的快捷菜单中选择Run as→java application命令，即可运行Java程序。

2. HBase API案例——建立简易的HBase表格

以下Java代码实现了建立一张简易的HBase表格'course'。

注意： 单元3所涉及的程序都是以下面程序为基础继续编写。

（1）数据库连接

数据库连接的方法init()代码如下：

```
/**
* 建立数据库连接
* @throws Exception
*/
private static void init() throws Exception {
// HBaseConfiguration 类用于建立一个 Configuration 类，Configuration 类用
// 于加载需要连接 HBase 的各项配置
    conf = HBaseConfiguration.create();
    conf.set("hbase.zookeeper.quorum", "slave0,slave1,slave2");
    // 要用 ConnectionFactory 类新建一个 Connection 出来，创建数据库连接
    conn = ConnectionFactory.createConnection(conf);
    //Admin 类是 HBase API 中负责管理建表、改表、删表等元数据操作的管理接口
    admin = (HBaseAdmin) conn.getAdmin();
}
```

在主函数中调用数据库连接方法，代码如下：

```
init();
```

（2）创建表

使用方法 creatTable() 创建表，代码如下：

```
/**
* 创建一张表
* @param tableName 表名
* @param familys  列族
* @throws Exception 抛出异常
*/
public static void creatTable(String tableName, String[] familys) throws
Exception {
//如果表已经存在，输出结果 "this table already exists!"
if (admin.tableExists(tableName))
{
    System.out.println("this table already exists!");
}
//如果表不存在，新建表
else
{
    //用 tableName 生成 HtableDescriptor 类
    HTableDescriptor tableDesc = new HTableDescriptor(tableName);
    //用 HcolumnDescriptor 类定义类族，并将类族添加到 HtableDescriptor
    //类中
        for (int i = 0; i < familys.length; i++) {
        tableDesc.addFamily(new HColumnDescriptor(familys[i]));
        }
    //创建表
    admin.createTable(tableDesc);
    //输出表创建成功
    System.out.println("create table " + tableName + " ok.");
  }
}
```

在主函数中调用创建表的方法，代码如下：

```
creatTable("course", new String[] { "info", "grade" });
```

此代码表示创建一个新的表，表名为 course（成绩表），此表有两个列族，分别为 info（基本信息列族），grade（成绩列族）。

编译和执行上述程序输出结果“create table course ok.”，如下所示：

```
create table course ok.
```

任务3.2 操作数据的CRUD

任务目标

① 重点掌握put()、get()和delete()方法。

② 掌握append()、increment、exists和mutation()方法。

③ 掌握数据库的四大基本操作CRUD（增、删、改、查）。

知识学习

1. put()方法

此方法相当于增和改这两个操作。实现的步骤涵盖如下两个方面：构建一个Put对象；往此对象里面添加这行需要的相应属性。

（1）单行put

① 基本语法。向HBase中存储数据的基本语法如下：

```
void put(Put put) throws IOException
```

注意：此方法输入参数是单个Put或存储在列表中的一组Put对象。

② 构造函数。Put构造函数的基本语法如下：

```
Put (byte [] row)
Put(byte[] row, RowLock rowLock)
Put(byte[] row, long ts)
Put(byte[] row, long ts, RowLock rowLock)
```

创建Put实例时用户需要提供一个行键row，一个Put对象值代表一行数据，但是因为其内部含有多个KeyValue键值对，Put对象可以填充多个列簇（family）、列（qualifier），甚至是多时间戳数据。第二个函数中有行锁（rowLock）参数，用户可以通过设置该参数指定一个行锁。一般来说，系统在进行put时会对Put所在的行添加一个行锁。系统并不提倡用户自己定义行锁，因为可能在多个用户指定多个行锁时，造成死锁的情况，导致系统资源在两个客户端断开连接之前一直被占用。

③ Bytes类所提供的方法。HBase非常友好地为用户提供了一个包含很多静态方法的辅助类，这个类可以把许多Java数据类型转换为byte[]数组。基本语法如下：

```
static byte[] toBytes(ByteBuffer bb)
static byte[] toBytes(String s)
static byte[] toBytes(boolean b)
static byte[] toBytes(long val)
static byte[] toBytes(float f)
static byte[] toBytes(int val)
```

④ 常用方法：

• add()方法。添加方法提供了常用的4种方法，即往Put对象中添加单元数据（增加一个KeyValue对象）。基本语法如下：

```
    add(Cell kv)
    add(byte[] family, byte[] qualifier, long ts, byte[] value)
addColumn(byte[] family, ByteBuffer qualifier, long ts, ByteBuffer value)
    addImmutable(byte[] family, byte[] qualifier, long ts, byte[] value, org.
apache.hadoop.hbase.Tag[] tag)
```

第一个方法为添加Cell对象，Cell类可以引用KeyVakue的对象，因此，此处也可以插入KeyValue对象，可将该函数理解为插入一个完整的KeyValue对象。第二个方法为添加列簇、列、时间戳、值，Put对象会在接收列簇、列、时间戳、值数据后将其初始化成一个KeyValue对象进行添加。不过该方法已经废弃，不建议使用。第三个方法和第二方法作用相同。第四个方法为添加恒定数据，通过该方法添加一个恒定的KeyValue对象值。

• has()方法。基本语法如下：

```
has(byte[] family, byte[] qualifier, byte[] value)
```

注意：此方法的返回值为布尔类型，用于判断Put对象中是否含有指定的value值、列或列簇。

• setWriteToWAL()方法。基本语法如下：

```
setWriteToWAL(boolean write)
```

此方法用于是否将数据写入到预写日志（Write-Ahead-Log）中。预写日志是一种数据保护措施，当HBase某一个节点出现故障时，可以通过预写日志中记录的数据操作，进行数据恢复。该选项如果打开，数据会被写入到预写日志中，安全性增加，但是会损耗一定性能；如果不打开，则损耗变小，安全性降低。

• setTTL()方法。基本语法如下：

```
setTTL(long ttl)
```

此方法用于对该行中的所有KeyValue对象设置TTL。其中，TTL（Time-To-Live）表示是从数据产生起，经过TTL时间后该数据就会被作为废弃数据而被删除掉。参数ttl表示毫秒数。

• setDurability()方法。基本语法如下：

```
setDurability(Durability d)
```

注意：此方法用于对写入WAL模式进行设置。

可填充的值如表3-4所示。

表3-4 可填充的值

填 充 值	含 义
Durability.ASYNC_WAL	异步进行数据写入
Durability.SYNC_WAL()	同步进行写入
Durabiliry.SKIP_WAL	不进行WAL填写
Durability.FSYNC_WAL	强制同步进行WAL写入
Durability.USE_DEFAULT	默认选项，为SYNC_WAL选项

⑤ 其他方法。Put类提供的其他方法及含义如表3-5所示。

表3-5 Put类提供的其他方法及含义

方　法	含　义
getRow()	获取创建Put实例时的行健
getRowLock()	获取创建Put实例时的行锁
getLockId()	返回使用rowlock参数传递给构造函数的可选的锁ID，当没有指定返回内容时返回-1L
getTimeStamp()	获取相应Put实例的时间戳，在构造函数中有ts参数传入，如果没有指定则返回Long.MAX_VALUE
isEmpty()	返回该Put实例中是否含有KeyValue实例
numFamilies()	返回该Put实例中的列簇数量
size()	返回本次Put对象添加的KeyValue实例的数量

（2）Put列表

客户端的API可以插入单个Put实例，也具备批量处理操作的高级特性，其基本语法格式如下：

```
void put(List<Put> puts)throws IOException
```

注意：此方法的参数是Put实例的列表。

（3）checkAndPut()方法

在读出数据之后和修改数据中间这段时间，如果有别的用户也修改了这个数据，就会发生数据不一致的问题。比如，用户A想要修改自己个人资料中的邮箱信息，从打开这个页面，单击“编辑”按钮，把邮箱输入完成，到最后单击“保存”，总共花了1min。这1min内，如果其他用户B同时修改了邮箱，那么用户A的改动将会覆盖用户B的改动。在使用传统关系型数据库时，针对这种业务场景也是有对策的，就是在每次修改之前先快速查询一次，对照一下查询出来的数据是否跟之前阅读到的数据一致。如果一致，就接着修改数据；如果不一致就报错，提示用户再次加载页面以阅读新的数据。

checkAndPut()方法就是为了解决这个问题而产生的。它只是把检查和写入这两个步骤合二为一。checkAndPut()方法在写前会先比较目前存在的数据与用户传入的数据是否一致，如果一致则进行put操作，并返回true；如果不一致，则返回false，但不写入数据。

checkAndPut()方法有以下两种调用方式，其基本语法如下：

```
checkAndPut(byte[] row, byte[] family, byte[] qualifier, byte[] value, Put put)
checkAndPut(byte[] row, byte[] family, byte[] qualifier, CompareFilter.
CompareOp compareOp, byte[] value, Put put)
```

第一个调用方式是在put操作之前先把指定的value和即将写入的行中的指定列族和指定列当前的value进行比较，如果是一致的，则进行put操作并返回true。第二个调用方式是第一个调用方式的增强版，可以传入CompareOp来进行更详细的比较。

2. get()方法

有写就有读，Get()方法相当于增、删、查、改中的查询操作。跟put类似，get()也是由org.apache.hadoop.hbase.client.Table接口提供的方法，同时还有与之对应的Get类。get()方法主要分为两大类：一类是一次获取一行数据；另一类是一次获取多行数据。

（1）单行get

① 基本语法。这种方法可以从HBase表中取一个特定的值，其基本语法如下：

```
Result get(Get get)
```

get是通过行键去查找数据信息，所以一次get()操作只能取一行数据，但不会限制一行当中取多少列或者多少个单元格。

② 构造函数。Get构造函数的基本语法如下：

```
Get (byte [] row)
Get(byte[] row,RowLock rowLock)
```

第一种方法表示通过设置row参数（即行键）指定了要获取的行；第二种方法增加了一个可选的rowLock参数，表示允许用户设置行锁。

③ 常用方法。由于HBase的一行有可能很大，所以可以通过设置参数让get只获取其中一部分的数据以提高查询的性能。基本语法如下：

```
addFamily(byte[] family)//添加要取出来的列族
addColumn(byte[] family, byte[] qualifier)//添加要取出来的列族和列
setTimeRange(long minStamp, long maxStamp)//设置要取出的版本范围
setMaxVersions()//设置要取出的版本数量，默认是1，不传入参数直接调用就
                //是把MaxVersions设置为Integer.MAX_VALUE
```

④ 其他方法。Get类中其他方法及含义如表3-6所示。

表 3-6　Get 类中的其他方法及含义

方　法	含　义
getRow()	返回创建Get实例时指定的行键
getRowLock ()	返回当前Get实例的RowLock实例
getLockld ()	返回创建时指定RowLock的锁ID。如果没有指定则返回-1L
getTimeRange ()	返回指定的Get实例的时间戳范围。注意，Get类中已经没有getTimeRange ()方法了，因为API会在内部将TimeRange的值转换成TimeRange实例，设置给定时间戳的最大值和最小值
setFilter()/getFilter()	用户可以使用一个特定的过滤器实例，通过多种规则和条件来筛选列和单元格。使用这些方法，用户可以设置或查看Get实例的过滤器成员
setCacheBlocks()/ getCacheBlocks()	每个HBase的Region服务器都有一个块缓存来有效地保存最近存取过的数据，并以此来加速之后的相邻信息的读取。不过在某些情况下，例如完全随机读取时，最好能避免这种机制带来的扰动。这些方法能够控制当次读取的块缓存机制是否启效

续表

方　法	含　义
numFamilies ()	快捷地获取列族 FamilyMap大小的方法，包括用addFamily ()方法和addColumn ()方法添加的列族
hasFamilies ()	检查列族或列是否存在于当前的Get实例中
setClusterIds()	为本次删除操作设置id，id可以写入日志
familySet () / getFamilyMap()	能够让用户直接访问addFamily ()和addColumn ()添加的列族和列。FamilyMap列族中键是列族的名称，键对应的值是指定列族的限定符列表 familySet ()方法返回一个所有已存储列族的Set，即一个只包含列族名的集合

（2）Result类

用户调用Get之后，HBase将把查询到的结果封装到Result实例中。Result常用方法如下：

① getValue（columnFamily, column）：此方法允许用户取得一个HBase中存储的特定单元格的值。使用此方法用户只能获得数据最新版本，因为该方法不能指定时间戳。

② byte value()：此方法的使用更简单，是用于把查询结果的第一个列提取出来的快捷写法，用于用户只查了一个列的情况。因为列在服务器端是按字典顺序存储的，所以会返回名称（包括列族和列限定符）排在首位的那一列的值。

③ boolean isEmpty()：此方法用于判断查询结果是否为空，返回结果为布尔值，可以用来判断是否查找到了数据。若查找成功，则返回true；若查找失败，则返回false。

④ int size()：返回查找到的列数量，也可以通过size是否大于0判断是否查到了数据。

⑤ KeyValue [] raw() List：此方法用于返回原始的底层KeyValue的数据结构，即基于当前的Result实例返回KeyValue实例的数组。

⑥ List<KeyValue> list()：调用此方法可以将raw()方法中返回的数组转化为一个List实例，并返回给用户。创建的List实例由原始返回结果中KeyValue数组的成员组成，用户可以方便地迭代存取数据。

（3）Get列表

使用列表参数的get ()方法与使用列表参数的put ()方法对应，用户可以用一次请求获取多行数据。此方法允许用户快速高效地从远程服务器获取相关的或完全随机的多行数据。

API提供的方法的基本语法如下：

```
Result[] get(List<Get> gets) throws IOException
```

注意：用户需要先创建一个列表，并把之前写好的Get实例添加到这个列表中，然后再将这个列表传给get ()，会返回一个与列表大小相等的Result数组。

（4）获取数据的方法

下面介绍可以用来获取或检查存储的数据的方法。

① exists()：此方法需要先创建一个Get类的实例，其基本语法格式如下：

```
boolean exists(Get get)throws IOException
```

exists ()方法的返回值为布尔值，并通过RPC（远程过程调用）验证请求的数据是否存在，但不会从远程服务器返回请求的数据。

② getRowOrBefore()：用户在检索数据时有时可能需要检索一个特定的行，或者某个请求行之前一行，其基本语法格式如下：

```
Result getRowOrBefore(byte[] row,byte[] family) throws IOException
```

此方法需要用户指定要查找的行键和列族。指定列族的原因是HBase是一个列式存储的数据库，不存在没有列的行数据。设置列族之后，服务器端会检查要查找的那一行里是否有任何属于指定列族的列值。

3. delete()方法

此前介绍了HBase表的创建、读取和更新，下面介绍如何从表中删除数据。HTable提供了删除的方法，同时与之前的方法一样，有一个相应的类命名为Delete。

（1）单行删除

用户想要从表中删除数据，必须先创建一个Delete实例，然后再添加想要删除的数据的详细信息。

Delete构造函数的基本语法如下：

```
Delete (byte [] row)
Delete (byte [] row,long timestamp,RowLock rowLock)
```

若要缩小要删除的给定行中涉及数据的范围，可使用下列方法：

```
Delete deleteFamily(byte[] family)
//表示删除指定的列族
Delete deleteFamily(byte[] family,long timestamp)
//表示删除指定的列族中所有版本号等于或者小于给定的版本号的列
Delete deleteColumns(byte[] family,byte[] qualifier)
//表示删除指定列的所有版本
Delete deleteColumns(byte[] family,byte[] qualifier,long timestamp)
//表示删除指定列的等于或者小于给定版本号的所有版本
Delete deleteColumn(byte[] family,byte[] qualifier)
//表示删除指定列的最新版本
Delete deleteColumn(byte[] family,byte[] qualifier,long timestamp)
//表示删除指定列的特定版本
void setTimestamp(long timestamp)
//表示删除匹配时间戳的或者比给定时间戳旧的所有列族中的所有列
```

以上方法主要分为四大类：

① deleteFamily()方法：用来删除一整个列族，包括其所属的所有列。用户也可以指定一个时间戳，触发针对单元格数据版本的过滤，从所有的列中删除与这个时间戳相匹配的版本和比这个时间戳旧的版本。

② deleteColumns()方法：作用于特定的一列，若用户没有指定时间戳，则表明可以删除该列的所有版本；若用户指定了时间戳，则表明会删除所有与这个时间戳相匹配的版本和更旧的版本。

③ deleteColumn()方法：deleteColumns ()方法相似，它用来操作一个具体的列，但是只删除指定的版本或者最新版本，即用一个精确匹配的时间戳执行删除操作。

④ setTimestamp()方法：在调用其他3种方法时经常被忽略。若不指定列族或列，则此调用与删除整行不同，它会删除匹配时间戳或者比给定时间戳旧的所有列族中的所有列。

delete的方法及具体功能如表3-7所示。

表3-7　delete的方法及具体功能

方　法	无时间戳删除	有时间戳删除
none	删除整行，即删除所有列的所有版本	从所有列族的所有列中删除与指定时间戳相同或更旧版本
deleteFamily()	删除给定列族中所有列的所有版本	从给定列族下的所有列中删除与给定时间戳相等或更旧的版本
deleteColumns()	删除给定列的所有版本	从给定列中删除与指定时间戳相等或更旧的版本
deleteColumn()	只删除给定列的最新版本，保留旧版本	只删除与时间戳匹配的给定列的指定版本，若与时间戳不匹配，则不删除

delete中set()方法及含义如表3-8所示。

表3-8　delete中set方法及含义

方　法	含　义
deleteFamily()	设置要删除的列族
deleteColumn()	设置要删除的列，只删除指定的版本
deleteColumns()	设置要删除的列，删除多个版本
deleteFamilyVersion()	当某个列族中列的某个版本跟指定的版本相同时，被删除
setACL()	设置访问表达式
setCellVisibility()	设置单元格的可见度
setAttribute()	设置本次操作的属性
setAuthorization()	设置本次操作的Authorization类，Authorization类用于设置需要删除的标签
setid()	为本次删除操作设置id，id可以写入日志
setclusterIds()	设置要删除的集群id
setDuralility()	设置预写日志的级别
setTimeStamp()	为本次删除设置版本值，本次删除只有等于这个版本值的数据会被返回

delete中get()方法及含义如表3-9所示。

表 3–9 delete 中 get 方法及含义

方 法	含 义
getRow()	返回创建Delete实例时指定的行键
getRowLock	返回当前Delete实例的RowLock实例
getLockid	返回使用raulk参数创建实例时可选参数锁ID的值，如果没有指定，则返回-1L
setCellVisibility	设置单元格的可见度
getTimeStamp	检索Delete实例相关的时间戳
isEmpty	检查FamilyMap是否含有任何条目，即用户所指定的想要删除的列族或者列
getFamliyMap	这个方法可以获取用户通过deleteFamily()以及 deleteColumn()或deleteColumns ()添加的要删除的列和列族，返回的FamilyMap是使用列族名作为键，它的值是当前列族下要删除的列限定符的列表

（2）Delete的列表

基于列表的delete ()调用，首先需要创建一个包含Delete实例的列表，然后对其进行配置。

Delete列表的基本语法如下：

```
void delete(List<Delete> deletes) throws IOException
```

（3）checkAndDelete()方法

与put类似，delete也会对数据进行较大的改动，所以应在改动前对数据的一致性进行检查，来知晓数据是否被改动过。与checkAndPut()类似，Table类也提供了一个方法可以让用户在一个原子操作内对数据完成修改和删除操作。

该方法的基本语法如下：

```
checkAndDelete(byte[] row, byte[] family, byte[] qualifier, byte[] value,
Delete delete)
```

注意：用户必须指定行键、列族、列限定符和值来执行删除操作之前的检查。此方法通过比较指定的列中的value是否跟用户给出的value一致，如果一致则执行删除操作，并返回true;如果不一致则不做任何处理，并返回false。

4. append()方法

append方法不会创建或者修改行或列，它仅仅只做一件简单的事情，就是往列上的字节数组添加字节。append方法的传参是Append对象。

Append的构造函数的基本格式如下：

```
Append(byte[] rowkey)
Append(byte[] a)
Append(byte[] rowArray,int rowOffset,int rowlength)
```

其中Append(byte[] rowArray, int rowOffset, int rowLength)只是给用户提供了一个可以灵活定义截取的起点和终点的机会而已。而Append(byte[] rowkey)在其内部其实也是截取了传入的byte数组，只不过是从0到最大长度的截取，所以它是Append(byte[] rowArray, int rowOffset, int rowLength)方法的快捷写法。

append()中set()方法及含义如表3-10所示。

表3-10　append 中 set() 方法及含义

方　法	含　义
add()	添加一个单元格或者一个数值
setACL()	设置本次操作的访问权限
setAttribute()	设置本次操作的属性
setCellVisibility()	设置单元格的可见度
setTTL()	设置失效时间（TTL），单位是ms
setid()	为本次操作设置id，可以写入日志
setclusterIds()	定义要写入的集群id(clusterid)
setFamliyCellMap()	手动改变FamliyCellMap
setDuralility()	设置写预写日志的级别
setReturnResults()	设置是否返回添加后的单元格为result，默认是true，若不返回，则设置为false

5. increment()方法

当用户想把数据库中的某个列的数字+1时，一般的做法是先把数据查出来，然后+1再把数据存储进去，但是这样做既消耗时间，又不能保证原子性。因此，HBase专门为此设计了一个方法increment，它用于对数据库中某列的数字进行+1。而其对应的类就为Increment（根据此规律可以猜出每个操作的对应类名字，例如get操作的类就叫Get，put操作的类就叫Put）。

Increment有3个构造函数，基本格式如下：

```
Increment(byte[] row)
Increment(byte[] row, int offset, int length)
Increment(Increment i)
```

3种构造函数方法中最常用的是第一种方法。该方法实际上是第二种方式的便捷写法，只不过是参数offset=0, length=row.length。

increment中set方法及含义如表3-11所示。

表3-11　increment 中 set 方法及含义

方　法	含　义
add()	添加一个单元格或者一个数值
addColumn()	定义某列族某列增加的数量，数量是long类型
setACL()	设置本次操作的访问权限
setAttribute()	设置本次操作的属性
setCellVisibility()	设置单元格的可见度
setTTL()	设置失效时间（TTL），单位是ms

续表

方　法	含　义
setid()	为本次操作设置id，可以写入日志
setclusterIds()	定义要写入的集群id(clusterid)
setFamliyCellMap()	手动改变FamliyCellMap
setDuralility()	设置写预写日志的级别
setReturnResults()	设置是否返回添加后的单元格为result，默认是true，若不返回，则设置为false

6. exists()方法

Table接口还提供了Exists方法用来在不需要获取该数据所有值的情况下，快速查询某个数据是否存在。其语法格式如下：

```
Boolean exists(Get get)
```

该方法的传参同样也是一个Get对象，但是Exists方法不会返回服务端的数据。不过使用这个方法并不会加快查询的速度，但是可以节省网络开销。不过在用户查询一个比较大的列时，可以有效地缩短网络传输的时间。

7. mutation()方法

如果现在提出这样一个问题“用户想在一行中添加一列的同时删除另一列（Column）”，该如何解决呢？方法是分成两步操作：①通过构建一个Put来新增列；②新建一个Delete对象来删除另一列。这样做既存在一定的风险又麻烦，而且这两步操作不属于原子操作。

Table接口提供了一个方法mutateRow可以把多个操作放在一个原子操作内完成。

为什么叫mutateRow而不是mutate？因为该操作强调的是只能针对一行进行操作，如果设置的这些操作的rowkey不一样，则会抛出异常，什么都不会改变。

这回操作的类不叫Mutation而是RowMutations（但是当查阅API时会发现Mutation这个类是Put、Delete、Append、Increment类的父类。它提供了heapSize、isEmpty、numFamilies等实用的工具方法）。

RowMutations的构造函数有两种：

```
RowMutations() RowMutations(byte[] row)
```

RowMutations最重要的方法是add()。add()可以传两种对象，即Put和Delete，其语法格式如下：

```
add(Delete d)
add(Put p)
```

rowMutations方法及含义如表3-12所示。

表 3-12　rowMutations 方法及含义

方　法	含　义
add()	添加一个操作，可以是Delete，也可以是Put
getMutation()	获取当前已经添加的操作

任务实施

通过一个案例（在任务3.1案例的基础上），将任务3.2中所讲的知识融会贯通，掌握put()方法（插入数据）、get()方法（获取数据）、delete()方法（删除数据）、Append()方法（添加操作）、increment()方法（自增自减少）以及Mutation方法（多个操作在同一原子内完成）。

案例描述：

（1）插入操作

① 利用单行插入方法向成绩表中插入数据信息，具体描述：行键为row1，其中基本信息列族中学号列的值为1001，姓名列的值为sunny，班级列的值为computer1701；成绩列族中Hbase课程的成绩为90分，Java课程的成绩为85。

② 利用批量插入方法向成绩表中插入数据信息，具体描述：row2行的信息为：1002（学号），cherry（姓名），computer1701（班级），88（Hbase课程），87（Java课程）。row3行的信息为：1003（学号），lina（姓名），computer1701（班级），78（Hbase课程），91（Java课程）。row4行的信息为：1004（学号），sam（姓名），computer1701（班级），87（Hbase课程），78（Java课程）。

③ 检查并写入。

（2）获取操作

① 利用单行读取方法获取成绩表中row2行的基本信息列族的姓名列的值。

② 利用多行读取方法获取成绩表中行键为row2的所有数据信息。

③ 读取成绩表中当前行或前一行数据信息。

（3）删除操作

① 利用单行删除方法将成绩表中row4行成绩列族的Java课程成绩列的信息删除。

② 利用多行删除方法将成绩表中row4行的信息删除。

③ 检查并删除。

（4）添加操作

① 在指定某一列值的尾部添加字符串：将成绩表的row2行的基本信息列族的班级列的值添加-001，使得添加后的信息值由原先的computer1701变为computer1701-001。

② 使用cell（单元格对象）在指定某一列值的尾部添加字符串：将成绩表的row2行的基本信息列族的班级列的值添加相同的值信息，使得添加后的信息值由原先的computer1701-001变为computer1701-001 computer1701-001。

（5）增加操作

将成绩表row2行的成绩列族的C++课程成绩增加10L。

（6）一个原子内完成多个操作

① 将成绩表的成绩列族的Java成绩列信息删除。

② 将将成绩表的基本信息列族的姓名列的值修改为lucy。

③ 在成绩表的成绩列族中新增数据结构成绩列，其值为82。

1. 掌握put()方法

（1）单行插入：put(Put p)

单行插入表示每一次插入一行数据。单行插入方法put()代码如下：

```
/**
* 单行插入记录
* @param tableName 表名
* @param rowKey    行键
* @param family    列族
* @param column    列
* @param value     值
*/
public static void put(String tableName, String rowKey, String family,
String column, String value) {
    try {
    // 创建Htable类对象和实例化一个新的客户端
    HTable table = new HTable(conf, TableName.valueOf(tableName));
    HBaseAdmin admin = new HBaseAdmin(conf);
    // 判断表是否存在，如果不存在进行创建
    if (!admin.tableExists(Bytes.toBytes(tableName))) {
    // 用tableName类生成HtableDescriptor类
HTableDescriptor tableDescriptor = new HTableDescriptor(Bytes.toBytes(tableName));
    // 用HcolumnDescriptor类建立类族
HColumnDescriptor columnDescriptor = new HColumnDescriptor(Bytes.toBytes(family));
    tableDescriptor.addFamily(columnDescriptor);
    // 创建表
    admin.createTable(tableDescriptor);
    }
    // 自动刷新设置为true，表明禁用客户端缓冲区
    table.setAutoFlush(true);
    // 进行数据插入，添加行键、列族、列和值
    // 创建Put类对象
    Put put = new Put(Bytes.toBytes(rowKey));
    //向Put实例中添加数据
put.add(Bytes.toBytes(family), Bytes.toBytes(column), Bytes.
toBytes(value));
// 向HBase表中添加数据信息，用Table接口的put()方法把数据真正保存
// 起来
table.put(put);
// 关闭表连接
table.close();
} catch (IOException e) {
// TODO Auto-generated catch block
e.printStackTrace();
}
}
```

在主函数中调用创建表的方法代码如下：

```
put("course","row1","info","number","1001");
put("course","row1","info","name","sunny");
put("course","row1","info","class","computer1701");
put("course","row1","grade","Hbase","90");
put("course","row1","grade","Java","85");
```

以上代码表示往course表（成绩表）中插入行键为row1的信息，info列族（基本信息列族）中number（学号）的值为1001，name（姓名）的值为sunny，class（班级）的值为computer1701；grade（成绩列族）中Hbase课程的成绩为90分，Java课程的成绩为85。

编译和执行上述程序，用HBase Shell命令查看表中插入数据信息，代码如下：

```
hbase(main):014:0> scan 'course'
ROW     COLUMN+CELL
row1    column=grade:Hbase, timestamp=1561386824436, value=90
row1    column=grade:Java, timestamp=1561386824455, value=85
row1    column=info:class, timestamp=1561386824402, value=computer1701
row1    column=info:name, timestamp=1561386824381, value=sunny
row1    column=info:number, timestamp=1561386824349, value=1001
1 row(s) in 0.0340 seconds
```

（2）批量插入：put(List<Put> list)

批量插入中生成一个List容器，然后将多行数据全部转载到该容器中，然后通过客户端的代码一次将多行数据进行提交。批量插入方法putList()代码如下：

```
    public static void putList(String tableName, String[] rowKeys, String[]
families, String[] columns,String[] values) {
          try {
        // 创建Htable类对象
        HTable table = new HTable(conf, tableName.valueOf(tableName));
        int length = rowKeys.length;
        // 创建一个列表用于存储Put实例
        List<Put> putList = new ArrayList<Put>();
        // 若表不存在，输出错误信息此表不存在，不能执行插入操作
        if (!admin.tableExists(Bytes.toBytes(tableName))) {
        System.err.println("the " + tableName + " is not exist");
        System.exit(1);
          }
          // 对所有对象迭代插入信息，涵盖行键、列族、列和对应的值
          for (int i = 0; i < length; i++) {
        Put put = new Put(Bytes.toBytes(rowKeys[i]));
        put.add(Bytes.toBytes(families[i]), Bytes.toBytes(columns[i]), Bytes.
toBytes(values[i]));
        //putList列表调用add()方法将Put实例添加到列表中
          putList.add(put);
          }
          // 向HBase表中添加数据信息。通过 HTable.put(Put p) 方法进 // 行多次插入操作
```

```
        table.put(putList);
        // 关闭表连接
        table.close();
        }catch (Exception e){
    // TODO: handle exception
        }
        }
```

注意：行插入的本质就是对List容器中的所有对象进行迭代，然后通过 HTable.put (Put p)方法进行多次插入操作。这样的批量操作将会发送多次PRC请求。

在主函数中调用批量插入方法，putList()方法的代码如下：

```
    //批量插入行键为"row2"的数据信息
    String[] rowKeys1 = new String[] { "row2", "row2", "row2", "row2", "row2"
};
    String[] families1 = new String[] { "info", "info", "info", "grade",
"grade" };
    String[] columns1 = new String[] { "number", "name", "class", "Hbase",
"Java" };
    String[] values1 = new String[] { "1002", "cherry", "computer1701", "88",
"87" };
    putList("course", rowKeys1, families1, columns1, values1);
    //批量插入行键为"row3"的数据信息
    String[] rowKeys2 = new String[] { "row3", "row3", "row3", "row3", "row3" };
    String[] families2 = new String[] { "info", "info", "info", "grade",
"grade" };
    String[] columns2 = new String[] { "number", "name", "class", "Hbase",
"Java" };
    String[] values2 = new String[] { "1003", "lina", "computer1701", "78",
"91" };
    putList("course", rowKeys2, families2, columns2, values2);
    //批量插入行键为"row4"的数据信息
    String[] rowKeys3 = new String[] { "row4", "row4", "row4", "row4", "row4"
};
    String[] families3 = new String[] { "info", "info", "info", "grade",
"grade" };
    String[] columns3 = new String[] { "number", "name", "class", "Hbase",
"Java" };
    String[] values3 = new String[] { "1004", "sam", "computer1701", "87",
"78" };
    putList("course", rowKeys3, families3, columns3, values3);
```

以上代码表示往course表（成绩）中插入行键为row2、row3和row4的信息。

编译和执行上述程序，用HBase Shell命令查看表中插入的数据信息，具体代码如下：

```
    hbase(main):001:0> scan 'course'
    ROW      COLUMN+CELL
    row1     column=grade:Hbase, timestamp=1561386824436, value=90
```

```
row1    column=grade:Java, timestamp=1561386824455, value=85
row1    column=info:class, timestamp=1561386824402,value=computer1701
row1    column=info:name, timestamp=1561386824381, value=sunny
row1    column=info:number, timestamp=1561386824349, value=1001
row2    column=grade:Hbase, timestamp=1561387621497, value=88
row2    column=grade:Java, timestamp=1561387621497, value=87
row2    column=info:class, timestamp=1561387621497, value=computer1701
row2    column=info:name, timestamp=1561387621497, value=cherry
row2    column=info:number, timestamp=1561387621497, value=1002
row3    column=grade:Hbase, timestamp=1561387621583, value=78
row3    column=grade:Java, timestamp=1561387621583, value=91
row3    column=info:class, timestamp=1561387621583, value=computer1701
row3    column=info:name, timestamp=1561387621583, value=lina
row3    column=info:number, timestamp=1561387621583, value=1003
row4    column=grade:Hbase, timestamp=1561387621646, value=87
row4    column=grade:Java, timestamp=1561387621646, value=78
row4    column=info:class, timestamp=1561387621646, value=computer1701
row4    column=info:name, timestamp=1561387621646, value=sam
row4    column=info:number, timestamp=1561387621646, value=1004
4 row(s) in 0.4690 seconds
```

（3）检查并写入：checkAndPut(byte[] row, byte[] family, byte[] qualifier, byte[] value, Put put)

该方法提供了一种原子性操作，即该操作如果失败，则操作中的所有更改都失效。该函数在多个客户端对同一个数据进行修改时将会提供较高的效率。检查并写入方法 checkAndPut() 的代码如下：

```
/**
* 检查并写入
* @param tableName  表名
* @param rowId      行键
* @param family     列族
* @param column     列
* @param value      值
*/
public static void checkAndPut(String tableName, String rowId, String
family, String column, String value) {
    try {
    // 判断若表不存在，输出错误信息此表不存在，不能执行插入操
    if (!admin.tableExists(Bytes.toBytes(tableName))) {
    System.err.println("the table " + tableName + " is not exist");
    System.exit(1);
    }
    // 创建 Htable 类对象
    HTable table = new HTable(conf, TableName.valueOf(tableName));
    // 插入数据，涵盖行键、列族、列和对应的值
    // 创建 Put 对象
```

```
        Put put = new Put(Bytes.toBytes(rowId));
        // 向 Put 实例中添加数据
        put.addColumn(Bytes.toBytes(family), Bytes.toBytes(column), Bytes.
toBytes(value));
        // 调用 checkAndPut() 方法，进行检查并插入，此函数返回值为布尔 // 类型
        boolean flag = table.checkAndPut(Bytes.toBytes(rowId), Bytes.
toBytes(family), Bytes.toBytes(column), null,put);
          System.out.println(flag);
        // 提交更新，把数据发送到服务器上作永久存储，即显示刷新
          table.flushCommits();
          } catch (Exception e) {
        // TODO: handle exception
        e.printStackTrace();
        }
    }
```

在主函数中调用checkAndPut()的方法代码如下：

```
    checkAndPut("course","row2","info","class","computer1703");
```

编译和执行上述程序，输出结果如下：

```
    false
```

上述编译结果表示要检查写入的行键为row2中info（基本信息列族）中的class（班级）值已经存在；返回false，表明值不能插入，否则返回true，表明可以成功插入数据信息。

需要注意的是，checkAndPut()方法以及类似的方法［统称为compact and set（CAS）操作］都只能对一行进行原子性操作。当checkAndPut()函数中的参数row和参数Put中的row不相同时，即该操作已经不在同一行中时，则会抛出异常。

如果将上述checkAndPut()中的代码：

```
    boolean flag = table.checkAndPut(Bytes.toBytes(rowId), Bytes.
toBytes(family), Bytes.toBytes(column), null,put);
```

换成如下代码：

```
    // 抛出异常的
    boolean flag= table.checkAndPut(Bytes.toBytes("row1"), Bytes.
toBytes(family),Bytes.toBytes(column), null, put);
```

在主函数中调用checkAndPut()方法的代码如下：

```
    checkAndPut("course","row2","info","class","computer1703");
```

编译和执行上述程序，输出结果为抛出异常：

```
    org.apache.hadoop.hbase.DoNotRetryIOException: org.apache.hadoop.hbase.
DoNotRetryIOException: Action's getRow must match the passed row
```

注意：上述编译结果说明，若检查的不是同一行记录（rowid不同），则运行结果抛出异常。本案例中检查的记录row2，代码是row1。

2. 掌握get()方法

（1）单行获取：get(Get get)

单行获取每次RPC请求值发送一个Get对象中的数据，因为Get对象初始化时需要输入行键，因此可以理解为一个Get对象就代表一行。一行中可以包含多个列簇或者多个列等信息。单行获取get()方法的代码如下：

```
    /**
    * 单行读取
    * @param tableName  表名
    * @param rowKey     行键
    * @param family     列祖
    * @param qualifier  列
    */
    public static void get(String tableName, String rowKey, String family, 
String qualifier) {
        try {
        // 判断若表不存在，输出错误信息此表不存在，不能执行获取操作
            if (!admin.tableExists(Bytes.toBytes(tableName))) {
            System.err.println("the table " + tableName + " is not exist");
            admin.close();
            System.exit(1);
        }
        admin.close();
        // 创建表连接
        HTable table = new HTable(conf, TableName.valueOf(tableName));
        // 创建一个获取对象
        Get get = new Get(Bytes.toBytes(rowKey));
        // 根据传入的值，进行获取判断
        // 若获取的列族和列不为空，输出此列族和列的信息
        if (family != null && qualifier != null) {
          get.addColumn(Bytes.toBytes(family), Bytes.toBytes(qualifier));
        }
        // 若获取的列族不为空，但列为空，输出此列族的所有列的信息
        else if (family != null && qualifier == null) {
          get.addFamily(Bytes.toBytes(family));
        }
        // 获取数据信息，并把信息输出
        Result result = table.get(get);
        KeyValue[] kvs = result.raw();
        for (KeyValue kv : kvs) {
        // 将数据转化为字符串打印输出
          System.out.println(Bytes.toString(kv.getRow()));
          System.out.println(Bytes.toString(kv.getFamily()));
          System.out.println(Bytes.toString(kv.getQualifier()));
          System.out.println(Bytes.toString(kv.getValue()));
        }
```

```
    } catch (Exception e) {
    // TODO: handle exception
    e.printStackTrace();
    }
    }
```

从上述代码中可以看到，Get实例使用addColumn()、addFamily()这两个函数向Get中添加搜索范围。如果没有添加，则表示将整行数据进行返回；如果添加列簇，则将指定的列簇中的所有列进行返回；如果指定列，则将指定的列进行返回。

如果在主函数中调用get()方法的代码如下：

```
get("course", "row2", "info", "name");
```

以上代码表示获取course中row2的info列族中name列的值为cherry，编译和执行上述程序，输出结果如下：

```
row2
info
name
cherry
```

如果在主函数中调用get()的方法代码如下：

```
get("course","row2","info",null);
```

当qualifier的值为null时，表示获取course中row2的info列族中所有信息（涵盖学号、姓名和班级）。

编译和执行上述程序，输出结果如下：

```
row2
info
class
computer1701
row2
info
name
cherry
row2
info
number
1002
```

（2）获取多行：get(List<Get> list)

获取多行实质就是在代码中对List<Get>实例进行迭代，从而发送多次数据请求（即多个RPC请求与数据操作，一次请求包含一次RPC请求和一次数据传输）。多行获取getList()方法的代码如下：

```
/**
* 读取多行
* @param tableName
```

```
    * @param rows
    * @param families
    * @param qualifiers
    */
    public static void getList(String tableName, String[] rows, String[]
families, String[] qualifiers) {
        try {
        // 判断若表不存在，输出错误信息此表不存在，不能执行获取操作
        if (!admin.tableExists(Bytes.toBytes(tableName))) {
             System.err.println("the table " + tableName + " is not exist");
             admin.close();
             System.exit(1);
        }
        // 创建表连接
        HTable table = new HTable(conf, Bytes.toBytes(tableName));
        // 创建Get实例列表
        List<Get> gets = new ArrayList<Get>();
        int length = rows.length;
        // 通过循环向列表中添加Get实例
        for (int i = 0; i < length; i++) {
            Get get = new Get(Bytes.toBytes(rows[i]));
    get.addColumn(Bytes.toBytes(families[i]), Bytes.toBytes(qualifiers[i]));
            gets.add(get);
        }
        // 获取信息，对结果进行递归输出
        Result[] results = table.get(gets);
        for (Result result : results) {
            KeyValue[] keyValues = result.raw();
            for (KeyValue kv : keyValues) {
            System.out.println(Bytes.toString(kv.getRow()));
            System.out.println(Bytes.toString(kv.getFamily()));
            System.out.println(Bytes.toString(kv.getQualifier()));
            System.out.println(Bytes.toString(kv.getValue()));
            }
        }
        } catch (Exception e) {
            // TODO: handle exception
            e.printStackTrace();
        }
    }
```

如果在主函数中调用getList()方法的代码：

```
    String[] rowKeys = new String[] { "row2", "row2", "row2", "row2", "row2" };
    String[] families = new String[] { "info", "info", "info", "grade",
"grade" };
    String[] columns = new String[] { "number", "name", "class", "Hbase",
"Java" };
```

```
getList("course", rowKeys, families, columns);
```

以上代码表示获取course中row2的所有信息，编译和执行上述程序，输出结果如下：

```
row2
info
number
1002
row2
info
name
cherry
row2
info
class
computer1701
row2
grade
Hbase
88
row2
grade
Java
87
```

（3）获取数据或者前一行：getRowOrBefore()

该函数是HTable类提供的一个接口。作用是当参数中的行存在时，将本行指定的列簇进行返回；如果不存在，则返回表中存在的指定行的前一行的数据进行返回。

获取数据或者前一行，getRowOrBefore()方法的代码如下：

```
/**
* 若rowid存在，返回当前行数据，若不存在返回前一行数据
* @param tableName  表名
* @param row        行键
* @param family     列族
*/
public static void getRowOrBefore(String tableName, String row, String
family){
    try {
      // 判断若表不存在，输出错误信息此表不存在，不能执行获取操作
      if (!admin.tableExists(tableName)) {
            System.out.println("the table " + tableName + " is not
exist");
            admin.close();
            System.exit(1);
       }
       // 创建表连接
       HTable table = new HTable(conf, tableName);
```

```
        // 执行函数
        Result result = table.getRowOrBefore(Bytes.toBytes(row), Bytes.
toBytes(family));
        // 进行循环，打印输出信息
        KeyValue[] keyValues = result.raw();
        for (KeyValue kv : keyValues) {
          System.out.println(Bytes.toString(kv.getRow()));
          System.out.println(Bytes.toString(kv.getFamily()));
          System.out.println(Bytes.toString(kv.getQualifier()));
          System.out.println(Bytes.toString(kv.getValue()));
        }
        // 关闭表连接
        table.close();
      } catch (Exception e) {
        // TODO: handle exception
      }
  }
```

如果在主函数中调用getRowOrBefore()的方法：

```
getRowOrBefore("course","row3","grade");
```

以上代码表示row3行数据在表中已经存在，所以返回的是row3行的grade列族的数据信息，编译和执行上述程序，输出结果如下：

```
row3
grade
Hbase
78
row3
grade
Java
91
```

如果在主函数中调用getRowOrBefore()的方法：

```
getRowOrBefore("course","row5","grade");
```

以上代码表示row5行数据在表中不存在，所以返回的是row5行的前一行（即row4）的grade列族的数据信息，编译和执行上述程序，输出结果如下：

```
row4
grade
Hbase
87
row4
grade
Java
78
```

3. 掌握delete()方法

（1）单行删除应用

HBase的删除并不像传统关系型数据库的删除，HBase删除动作并不会立刻将HBase存储的数据进行删除，而是在指定的KeyValue存储单元上打上删除标记。等到下一次Region合并、分裂等操作时才会将所有的数据进行移除。

单行删除方法delete()的代码如下：

```
    /**
    * 单行删除
    * @param tableName   表名
    * @param rowKey      行键
    * @param family      列族
    * @param qualifier   列
    * @param timeStampe  时间戳
    * @param value       值
    */
    public static void delete(String tableName, String rowKey, String family,
String qualifier, String timeStampe) {
        try {
            // 判断是表是否存在，若不存在，无法进行删除操作
            if (!admin.tableExists(Bytes.toBytes(tableName))) {
              System.err.println("the table " + tableName + " is not exist");
              System.exit(1);
            }
            // 创建表连接
            HTable table = new HTable(conf, TableName.valueOf(tableName));
            // 创建 Delete 类对象，准备删除数据
            Delete delete = new Delete(Bytes.toBytes(rowKey));
          // 若列族和列不为空，将指定的列族的列的信息删除
            if (family != null && qualifier != null) {
            delete.deleteColumn(Bytes.toBytes(family), Bytes.toBytes(qualifier));
            }
            // 若列族不为空，但列为空，表示将指定的列族中所有列的信息 // 删除
            else if (family != null && qualifier == null) {
                delete.deleteFamily(Bytes.toBytes(family));
            }
            // 检查时间戳
            if (timeStampe != null) {
                delete.setTimestamp(Long.parseLong(timeStampe));
            }
            // 从 HBase 表中删除数据信息
            table.delete(delete);
            // 关闭表连接
            table.close();
        catch (Exception e) {
        // TODO: handle exception
```

```
    }
}
```

如果在主函数中调用delete()的方法：

```
//删除一条数据
delete("course", "row4", "grade", "Java", null);
```

此代码表示把course中行键为row4的grade列族中Java列删除。用HBase Shell命令查看，删除前的数据信息如下：

```
hbase(main):002:0> scan 'course'
ROW      COLUMN+CELL
row1     column=grade:Hbase, timestamp=1561386824436, value=90
row1     column=grade:Java, timestamp=1561386824455, value=85
row1     column=info:class, timestamp=1561386824402, value=computer1701
row1     column=info:name, timestamp=1561386824381, value=sunny
row1     column=info:number, timestamp=1561386824349, value=1001
row2     column=grade:Hbase, timestamp=1561387621497, value=88
row2     column=grade:Java, timestamp=1561387621497, value=87
row2     column=info:class, timestamp=1561387621497, value=computer1701
row2     column=info:name, timestamp=1561387621497, value=cherry
row2     column=info:number, timestamp=1561387621497, value=1002
row3     column=grade:Hbase, timestamp=1561387621583, value=78
row3     column=grade:Java, timestamp=1561387621583, value=91
row3     column=info:class, timestamp=1561387621583, value=computer1701
row3     column=info:name, timestamp=1561387621583, value=lina
row3     column=info:number, timestamp=1561387621583, value=1003
row4     column=grade:Hbase, timestamp=1561387621646, value=87
row4     column=grade:Java, timestamp=1561387621646, value=78
row4     column=info:class, timestamp=1561387621646, value=computer1701
row4     column=info:name, timestamp=1561387621646, value=sam
row4     column=info:number, timestamp=1561387621646, value=1004
4 row(s) in 0.4610 seconds
```

编译和执行上述程序，删除后的数据信息如下：

```
hbase(main):003:0> scan 'course'
ROW      COLUMN+CELL
row1     column=grade:Hbase, timestamp=1561386824436, value=90
row1     column=grade:Java, timestamp=1561386824455, value=85
row1     column=info:class, timestamp=1561386824402, value=computer1701
row1     column=info:name, timestamp=1561386824381, value=sunny
row1     column=info:number, timestamp=1561386824349, value=1001
row2     column=grade:Hbase, timestamp=1561387621497, value=88
row2     column=grade:Java, timestamp=1561387621497, value=87
row2     column=info:class, timestamp=1561387621497, value=computer1701
row2     column=info:name, timestamp=1561387621497, value=cherry
row2     column=info:number, timestamp=1561387621497, value=1002
row3     column=grade:Hbase, timestamp=1561387621583, value=78
```

```
row3    column=grade:Java, timestamp=1561387621583, value=91
row3    column=info:class, timestamp=1561387621583, value=computer1701
row3    column=info:name, timestamp=1561387621583, value=lina
row3    column=info:number, timestamp=1561387621583, value=1003
row4    column=grade:Hbase, timestamp=1561387621646, value=87
row4    column=info:class, timestamp=1561387621646, value=computer1701
row4    column=info:name, timestamp=1561387621646, value=sam
row4    column=info:number, timestamp=1561387621646, value=1004
row(s) in 0.0520 seconds
```

（2）多行删除

删除多行数据即对List表进行循环，并通过多次发送删除请求，从而实现多行删除的效果。多行删除方法deleteList()的代码如下：

```
/**
* 多行删除
* @param tableName  表名
* @param rows       行键
* @param families   列族
* @param qualifiers  列
*/
public static  void deleteList(String tableName,String[] rows,String[]
families,String[] qualifiers)
    {
        try {
            // 判断是表是否存在，若不存在，无法进行删除操作
            if(!admin.tableExists(tableName))
            {
                System.out.println("the table "+tableName+" is not exist");
                admin.close();
                System.exit(1);
            }
            admin.close();
            // 创建表连接
            HTable table=new HTable(conf, tableName);
            int length=rows.length;
            // 创建 Delete 实例列表
            List<Delete> deletes=new ArrayList<Delete>();
            // 通过循环方式删除
            for(int i=0;i<length;i++)
            {
                Delete delete=new Delete(Bytes.toBytes(rows[i]));delete.
    deleteColumn(Bytes.toBytes(families[i]), Bytes.toBytes(qualifiers[i]));
                deletes.add(delete);
            }
            // 从 HBase 表中删除数据信息，进行多行删除
            table.delete(deletes);
```

```
            // 关闭表连接
            table.close();
        } catch (Exception e) {
            // TODO: handle exception
            e.printStackTrace();
        }
    }
```

如果在主函数中调用deleteList()的方法：

```
    // 多行删除
    String[] rowKeys = new String[] { "row4", "row4", "row4", "row4", "row4" };
    String[] families = new String[] { "info", "info", "info", "grade",
"grade" };
    String[] columns = new String[] { "number", "name", "class", "Hbase",
"Java" };
    deleteList("course",rowKeys,families,columns);
```

此代码表示把course中行键为row4的信息删除。删除前course中存在行键为row4的信息，编译和执行上述程序后用HBase Shell命令查看，删除后的数据信息如下：

```
    hbase(main):004:0> scan 'course'
    ROW     COLUMN+CELL
    row1    column=grade:Hbase, timestamp=1561386824436, value=90
    row1    column=grade:Java, timestamp=1561386824455, value=85
    row1    column=info:class, timestamp=1561386824402, value=computer1701
    row1    column=info:name, timestamp=1561386824381, value=sunny
    row1    column=info:number, timestamp=1561386824349, value=1001
    row2    column=grade:Hbase, timestamp=1561387621497, value=88
    row2    column=grade:Java, timestamp=1561387621497, value=87
    row2    column=info:class, timestamp=1561387621497, value=computer1701
    row2    column=info:name, timestamp=1561387621497, value=cherry
    row2    column=info:number, timestamp=1561387621497, value=1002
    row3    column=grade:Hbase, timestamp=1561387621583, value=78
    row3    column=grade:Java, timestamp=1561387621583, value=91
    row3    column=info:class, timestamp=1561387621583, value=computer1701
    row3    column=info:name, timestamp=1561387621583, value=lina
    row3    column=info:number, timestamp=1561387621583, value=1003
    3 row(s) in 0.1090 seconds
```

（3）使用checkAndDelete()方法删除的应用

HTable表提供了一个CAS的原子性操作：checkAndDelete()函数。该函数在多个客户端对一行数据操作时进行修改。

使用checkAndDelete ()删除的代码如下：

```
    /**
    * 检查并删除
    * @param tableName   表名
    * @param row         行键
```

```
    * @param family      列族
    * @param qualifier   列
    * @param value       值
    */
    public static void checkAndDelete(String tableName, String row, String
family, String qualifier, String value) {
        // 判断是表是否存在，若不存在，则无法进行删除操作
        try {
            if (!admin.tableExists(tableName)) {
                System.out.println("the table " + tableName + " is not exist");
                admin.close();
                System.exit(1);
            }
            // 创建表连接
            HTable table = new HTable(conf, tableName);
            // 初始化 Delete 对象
            Delete delete = new Delete(Bytes.toBytes(row));
            Delete delete1 = new Delete(Bytes.toBytes("row2"));
            // 删除数据
            delete.deleteColumns(Bytes.toBytes(family), Bytes.toBytes(qualifier));
            CompareOp.LESS_OR_EQUAL, null, delete);
            //调用 checkAndDelete() 方法进行检查并删除，有三种结果：//true、flase 和异常
            boolean flags=table.checkAndDelete(Bytes.toBytes(row),
        Bytes.toBytes("info"), Bytes.toBytes(qualifier), CompareOp.LESS_OR_
EQUAL, Bytes.toBytes(value), delete);
            // 输出调用 checkAndDelete() 方法的结果
            System.out.println(flags);
            // 关闭表连接
            table.close();
        } catch (Exception e) {
            // TODO: handle exception
            e.printStackTrace();
        }
    }
```

① 结果返回true。若在主函数中调用deleteList()的方法：

```
checkAndDelete("course", "row1", "info", "name", "sunny");
```

此代码表示检查course表中是否有行键为row1，列族为info，列为name，值为sunny信息，若有则输出true，否则输出false，此时表中的数据信息是相匹配的，则输出结果：

```
true
```

编译和执行上述程序后用HBase Shell命令查看，表示把"course"中行键为"row1"列族为"info"列为"name"的值删除掉。删除前此name信息是存在的，删除后结果如下所示：

```
hbase(main):005:0> scan 'course'
ROW     COLUMN+CELL
row1    column=grade:Hbase, timestamp=1561386824436, value=90
```

```
row1    column=grade:Java, timestamp=1561386824455, value=85
row1    column=info:class, timestamp=1561386824402, value=computer1701
row1    column=info:number, timestamp=1561386824349, value=1001
row2    column=grade:Hbase, timestamp=1561387621497, value=88
row2    column=grade:Java, timestamp=1561387621497, value=87
row2    column=info:class, timestamp=1561387621497, value=computer1701
row2    column=info:name, timestamp=1561387621497, value=cherry
row2    column=info:number, timestamp=1561387621497, value=1002
row3    column=grade:Hbase, timestamp=1561387621583, value=78
row3    column=grade:Java, timestamp=1561387621583, value=91
row3    column=info:class, timestamp=1561387621583, value=computer1701
row3    column=info:name, timestamp=1561387621583, value=lina
row3    column=info:number, timestamp=1561387621583, value=1003
3 row(s) in 0.0410 seconds
```

② 结果返回false。如果将上述代码中的以下代码：

```
boolean flags=table.checkAndDelete(Bytes.toBytes(row), Bytes.toBytes("info"),
Bytes.toBytes(qualifier),
CompareOp.LESS_OR_EQUAL, Bytes.toBytes(value), delete);
```

换成如下代码：

```
boolean flags=table.checkAndDelete(Bytes.toBytes(row), Bytes.toBytes("info"),
Bytes.toBytes(qualifier),CompareOp.LESS_OR_EQUAL, null, delete);
```

在主函数中调用deleteList()的方法，代码如下：

```
checkAndDelete("course", "row1", "info", "number", "10");
```

此代码表示检查course表中是否有行键为row1、列族为info、列为name、值为sunny的信息，若有则输出true，否则输出false。此时表中有行键为row1列族为info列为number值为"1001"，而调用方法里给的number值为10，不匹配，故返回flase，即不删除。

编译和执行上述程序的输出结果如下：

```
false
```

③ 结果抛出异常。如果将上述代码中的以下代码：

```
boolean flags=table.checkAndDelete(Bytes.toBytes(row), Bytes.toBytes("info"),
Bytes.toBytes(qualifier),
CompareOp.LESS_OR_EQUAL, Bytes.toBytes(value), delete);
```

换成如下代码：

```
boolean flags=table.checkAndDelete(Bytes.toBytes(row), Bytes.
toBytes(family), Bytes.toBytes(qualifier),
CompareOp.LESS_OR_EQUAL, null, delete1);
```

在主函数中调用deleteList()的方法，代码如下：

```
checkAndDelete("course", "row3", "info", "class", null);
```

要检查的是行键为row3，而程序中给出比较的是行键为row2，不匹配，所以抛出异常。

编译和执行上述程序的输出结果如下：

```
    org.apache.hadoop.hbase.DoNotRetryIOException: org.apache.hadoop.hbase.
DoNotRetryIOException: Action's getRow must match the passed row
```

4. 掌握Append()方法

使用Append()方法添加数据有两种方式。

（1）提供列族、列和值

添加append()方法的代码如下：

```
    /**************************************************
         * 使用 append() 方法添加
    *************************************************************
    /**
    * 在指定某一列值的尾部添加字符串
    * @param tableName  表名
    * @param rowKey     行键
    * @param family     列族
    * @param columns    列
    * @param value      所添加的值
    */
    public static void append(String tableName, String rowKey, String family,
String column, String value) {
        try {
        // 判断是表是否存在，若不存在，则无法进行添加操作
        if (!admin.tableExists(tableName)) {
                System.out.println("the table " + tableName + " is not exist");
                admin.close();
                System.exit(1);
        }
        // 创建表连接
        HTable table = new HTable(conf, tableName);
        // 初始化添加对象
        Append append = new Append(Bytes.toBytes(rowKey));
        // 向 Append 实例中添加信息
        append.add(Bytes.toBytes(family), Bytes.toBytes(column), Bytes.
    toBytes(value));
        // 添加数据
        table.append(append);
        // 关闭表连接
        table.close();
            } catch (IOException e) {
                // TODO Auto-generated catch block
                e.printStackTrace();
        }
    }
```

在主函数中调用append()方法，代码如下：

```
append("course","row2","info","class","-001");
get("course", "row2", "info", "class");
```

第一行代码表示为course表row2行的info列族的class列的值添加-001，添加前course表row2行的info列族的class列的值为computer1701,添加后值变为computer1701-001。

第二行代码是为了验证第一行代码的结果，将"course"表"row2"行的"info"列族的"class"列的值获取出来。

编译和执行上述程序，输出结果如下：

```
row2
info
class
computer1701-001
```

（2）直接提供一个单元格对象

以下代码是向目标行的相同列族和列添加cell中包含的值。调用cell()方法，代码如下：

```
/**
* 使用 cell 在指定某一列值的尾部添加字符串
* @param tableName  表名
* @param rowKey     行键
* @param family     列族
* @param columns    列
*/
public static void cell(String tableName, String rowKey, String family, String column) {
    try {
        // 判断是表是否存在，若不存在，则无法进行添加操作
        if (!admin.tableExists(tableName)) {
        System.out.println("the table " + tableName + " is not exist");
        admin.close();
        System.exit(1);
        }
        // 创建表连接
        HTable table = new HTable(conf, tableName);
        // 获取数据信息
        Get get = new Get(Bytes.toBytes(rowKey));
        Result result = table.get(get);
        List<Cell> cells = result.getColumnCells(Bytes.toBytes(family), Bytes.toBytes(column));
        for (Cell cell : cells) {
            Append append = new Append(Bytes.toBytes(rowKey));
            append.add(cell);
            // 添加数据信息
            table.append(append);
        }
```

```
        // 关闭表连接
        table.close();
    } catch (IOException e) {
        // TODO Auto-generated catch block
        e.printStackTrace();
    }
}
```

在主函数中调用cell()的方法，代码如下：

```
cell("course","row2","info","class");
get("course", "row2", "info", "class");
```

第一行代码表示为course表row2行的info列族的class列的值后面添加相同的值，添加前course表row2行的info列族的class列的值为computer1701-001，添加后值变为computer1701-001 computer1701-001。

第二行代码是为了验证第一行代码的结果，将course表row2行的info列族的class列的值获取出来。

编译和执行上述程序，输出结果如下：

```
row2
info
class
computer1701-001computer1701-001
```

注意：由于cell自带的几个基本的定位属性（列族、列），执行的结果就是向目标行的相同列族和列添加cell里面包含的值。若用户往不存在的列添加数据，等同于新建这个列。

5. 掌握increment方法

在进行increment操作之前，首先要保证在HBase中存储的数据是long格式的，而不是字符串格式。

某列值增加increment()方法的代码如下：

```
/**
* 在指定某一列的值相加
* @param tableName  表名
* @param rowKey     行键
* @param family     列族
* @param columns    列
*/
public static void increment(String tableName, String rowKey, String
family, String column, long account) {
try {
    // 判断表是否存在，若不存在，无法进行操作
    if (!admin.tableExists(tableName)) {
        System.out.println("the table " + tableName + " is not exist");
        admin.close();
        System.exit(1);
```

```
    }
    // 创建表连接
    HTable table = new HTable(conf, tableName);
    // 初始化 Increment 对象
    Increment inc = new Increment(Bytes.toBytes(rowKey));
    // 向 Increment 实例中添加要增加（或减少）的值
    inc.addColumn(Bytes.toBytes(family), Bytes.toBytes(column), account);
    // 实现 Hbase 表中指定某列值相加（相减）
    table.increment(inc);
    // 关闭表连接
    table.close();
  } catch (IOException e) {
    // TODO Auto-generated catch block
    e.printStackTrace();
  }
}
```

在主函数中调用increment ()的方法，代码如下：

```
get("course", "row2", "grade", "C++");
increment("course", "row2", "grade", "C++", 10L);
get("course", "row2", "grade", "C++")
```

编译和执行上述程序，并用HBase Shell命令验证输出结果如下：

```
hbase(main):005:0> scan 'course'
ROW     COLUMN+CELL
row1    column=grade:Hbase, timestamp=1561386824436, value=90
row1    column=grade:Java, timestamp=1561386824455, value=85
row1    column=info:class, timestamp=1561386824402, value=computer1701
row1    column=info:number, timestamp=1561386824349, value=1001
row2    column=grade:C++, timestamp=1561474669414, value=\x00\x00\x00\
x00\x00\x00\x00\x14
row2    column=grade:Hbase, timestamp=1561387621497, value=88
row2    column=grade:Java, timestamp=1561387621497, value=87
row2    column=info:class, timestamp=1561473743879, value=computer1701-
001computer1701-001
row2    column=info:name, timestamp=1561387621497, value=cherry
row2    column=info:number, timestamp=1561387621497, value=1002
row3    column=grade:Hbase, timestamp=1561387621583, value=78
row3    column=grade:Java, timestamp=1561387621583, value=91
row3    column=info:class, timestamp=1561387621583, value=computer1701
row3    column=info:name, timestamp=1561387621583, value=lina
row3    column=info:number, timestamp=1561387621583, value=1003
3 row(s) in 0.1100 seconds
```

注意：

① 在HBase Shell中，用户无法直接看到具体的long类型数据的数值，只能看到一串类似\x00\x00\x00\x00\x00\x00\x00\x10的数据。

② 若增加的参数设置为复数，则表示实现对某个字段的递减操作。

6.掌握mutation()方法

mutation()方法是指在一个原子内完成多个操作，例如，在HBase表的一行操作中可以同时进行添加、删除和修改操作。

接下来用一个例子来演示一下如何使用Mutation方法。

修改mutation ()方法的代码如下：

```
public static void mutation(String tableName) {
    try {
    // 判断表是否存在，若不存在，无法进行操作
    if (!admin.tableExists(tableName)) {
            System.out.println("the table " + tableName + " is not exist");
            admin.close();
            System.exit(1);
        }
        // 创建表连接
        HTable table = new HTable(conf, tableName);
        // 删除Java列
        Delete delete=new Delete(Bytes. toBytes("row3"));
        delete.addColumn(Bytes.toBytes("grade"), Bytes. toBytes("Java"));
        // 修改name的值为lucy
        Put edit=new Put(Bytes.toBytes("row3"));
        edit.addColumn(Bytes.toBytes("info"), Bytes.toBytes("name"),
Bytes.toBytes("lucy"));
        // 新增一列datastructor，值为82
        Put put=new Put(Bytes.toBytes("row3")); put.addColumn(Bytes.
toBytes("grade"),Bytes.toBytes("datastructor"),Bytes.toBytes("82"));
        // 创建RowMutations类对象
        RowMutations rowMutations=new RowMutations(Bytes.
toBytes("row3"));
        // 将Delete、Edit和Put对象添加到RowMutations对象中
        rowMutations.add(delete);
        rowMutations.add(edit);
        rowMutations.add(put);
        // 对HBase表中数据进行修改
        table.mutateRow(rowMutations);
    }catch (Exception e) {
      // TODO: handle exception
      e.printStackTrace();
    }
}
```

此代码表示在row3中删除Java这列时修改name的值为lucy，同时还要新增一列datastructor，值为82。编译和执行上述程序，并用HBase Shell命令验证输出结果。

在主函数中调用mutation()的方法，代码如下：

```
mutation("course");
```

执行代码前的数据信息如下：

```
row3    column=grade:Hbase, timestamp=1561387621583, value=78
row3    column=grade:Java, timestamp=1561387621583, value=91
row3    column=info:class, timestamp=1561387621583, value=computer1701
row3    column=info:name, timestamp=1561387621583, value=lina
row3    column=info:number, timestamp=1561387621583, value=1003
```

执行代码后的数据信息如下：

```
hbase(main):003:0> scan 'course'
ROW     COLUMN+CELL
row1    column=grade:Hbase, timestamp=1561386824436, value=90
row1    column=grade:Java, timestamp=1561386824455, value=85
row1    column=info:class, timestamp=1561386824402, value=computer1701
row1    column=info:number, timestamp=1561386824349, value=1001
row2    column=grade:C++, timestamp=1561474669414, value=\x00\x00\x00\
x00\x00\x00\x00\x14
row2    column=grade:Hbase, timestamp=1561387621497, value=88
row2    column=grade:Java, timestamp=1561387621497, value=87
row2    column=info:class, timestamp=1561473743879, value=computer1701-
001computer1701-001
row2    column=info:name, timestamp=1561387621497, value=cherry
row2    column=info:number, timestamp=1561387621497, value=1002
row3    column=grade:Hbase, timestamp=1561387621583, value=78
row3    column=grade:datastructor, timestamp=1561476532592, value=82
row3    column=info:class, timestamp=1561387621583, value=computer1701
row3    column=info:name, timestamp=1561476532592, value=lucy
row3   column=info:number, timestamp=1561387621583, value=1003
3 row(s) in 0.0420 seconds
```

任务 3.3　批量操作

任务目标

① 掌握HBase的批量操作batch方法。

② 掌握HBase的批量put操作。

③ 掌握HBase的批量get操作。

④ 掌握HBase的批量delete操作。

知识学习

1. 批量操作

在前面章节介绍过基于单个实例或基于列表的操作，涵盖添加、查询和删除表中数据，下面详细介绍可用批量处理跨多行的不同操作的API调用。

实际上基于列表的操作大多是通过batch()方法实现的，例如delete(List <Delete> deletes)或者get(List <Get> gets)。这些方法是为了方便用户使用而保留的方法，如果是HBase的初学者，建议学生使用batch()方法进行所有的相关操作。

当用户使用batch()功能时，Put实例不会被客户端写入缓冲区缓冲。batch()请求是同步的，会把操作直接发送到服务器端，这个过程没有什么延迟或其他中间操作，这与put()调用明显不同，所以请慎重挑选需要的方法。

批量处理操作主要有两种方法，看起来非常相似，其基本语法如下：

语法一：

```
void batch(List<Row> actions,Object[] results)
throws IOException,InterruptedException
```

语法二：

```
Object batch(List<Row> actions)
throws IOException,InterruptedException
```

此时可能注意到批量处理操作中引入了一个新的类（Row类），它是Put、Get和Delete的祖先，或者是父类。两种方法不同之处在于：语法一需要用户输入包含返回结果的Object数组，而另一个由函数帮助用户创建这个数组。

这两种不同的批量处理操作看起来非常相似。

两者方法的相同之处在于：

① get、put和delete都支持。如果执行时出现问题，客户端将抛出异常并报告问题，它们都不使用客户端的写缓冲区。

② 在检查结果之前，所有的批量处理操作都被执行，即使在此过程中用户收到某个操作异常，其他操作也均已执行。此结果的最坏情况是可能所有操作均返回异常。

③ 批量处理可以感知暂时性错误，如NotServingRegionException会多次重试这个操作，用户可以通过调整hbase.client.retries.number配置项来增加或减少重试次数。

两者方法的不同之处在于：

① 语法一需要用户输入一个返回结果的Object数组的参数；语法二需要由函数帮助创建这个Object数组。

② 语法一能够访问成功操作的结果，同时也可以获取远程失败时的异常；语法二只返回客户端异常，不能访问程序执行中的部分结果。

③ 语法一先向用户提供的数组中填充数据，然后再抛出异常；语法二这个方法如果抛出异常，不会有任何返回结果，因为新结果数组返回之前，控制流就中断了。

results是一个Object的数组。下面列出Object可能对应的结果类型，如表3-13所示。

表 3-13 results 可能出现的结果类型

类 型	说 明
null	操作与远程服务器的通信失败
EmptyResult	Put 与 Delete 操作成功后的返回结果
Result	Get 操作成功的返回结果，如果没有匹配的行或列，会返回空的 Result
Throwable	当服务器端返回一个异常时，这个异常会按原样返回给客户端。用户可以使用这个异常检查哪里出了错，也许可以在自己的代码中自动处理异常

2. 批量put操作

HBase 提供了专门针对批量 put 的操作方法，其基本语法格式如下：

```
void put(List<put> puts)
```

此方法其实也是内部用 batch() 来实现的，使用步骤：①构建一个 Put 列表；②调用 put() 方法。

（1）部分数据插入成功

当一部分数据插入成功，另一部分数据插入失败时，比如某个 RegionServer 服务器出现了问题，会返回一个 IOException，操作会被放弃。但是插入成功的数据仍然插入成功。

（2）插入失败的重试

对于插入失败的数据，服务器会尝试着再次去插入或者换一个 RegionServer，当尝试次数大于定义的最大次数时，会抛出 RetriesExhaustedWithDetailsException 异常，该异常包含了很多错误信息，涵盖操作失败次数、失败的原因以及服务器名和重试的次数。

如果用户定义了错误的列族，则只会尝试一次，因为如果连列族都错了，就没必要再继续尝试下去了，HBase 会直接返回 NoSuchColumnFamilyException。

（3）写缓冲区

插入失败的数据会继续被放到本地的写缓冲区，并在下次插入时重试，用户甚至可以操作它们，比如清除这些数据。

3. 批量get操作

HBase 提供了专门针对批量 get 的操作方法，其基本语法格式如下：

```
Result[]  get(List<Get>  gets)
```

注意：

① 此方法的参数是一堆 Get 对象，返回值是一个 Result 数组。

② 如若查询失败，整个 get() 方法都会失败并抛出异常，没有返回结果。如果想失败也可返回一部分数据，可以采用 batch() 方法。

4. 批量delete操作

HBase 提供了专门针对批量 delete 的操作方法，其基本语法格式如下：

```
void delete(list<Delete> deletes)
```

注意：

① HBase服务端在调用删除方法时，如果成功地执行了一个删除操作，就会把这个删除操作从传入的deletes列表中删除。所以随着操作的进行，操作列表会越来越短。

② 如果删除失败了，这个操作还是会保留在delete的传参deletes列表中，并且还同时会抛出一个异常。

任务实施

通过一个案例（在任务3.2案例的基础上），将任务3.3中所讲的知识融会贯通，掌握HBase中的批量操作。

案例描述：

① 向成绩表中添加行键为row8，成绩列族的英语成绩为90分。

② 获取row2行的成绩列族的Java课程成绩。

③ 删除row3行成绩列族的HBase成绩。

关于批量处理操作，代码如下：

```
    public static void banch(String tableName) {
        try {
            // 判断表是否存在，若不存在，无法进行操作
            if (!admin.tableExists(tableName)) {
                System.out.println("the table " + tableName + " is not
exist");
                admin.close();
                System.exit(1);
            }
            // 创建表连接
            HTable table = new HTable(conf, tableName);
            //创建列表存放所有的批量操作
            List<Row> batch = new ArrayList<Row>();
           // 添加操作
           Put put = new Put(Bytes.toBytes("row8"));
           put.add(Bytes.toBytes("grade"), Bytes.toBytes("english"), Bytes.
toBytes("90"));
           batch.add(put);
           // 获取操作
           Get get1 = new Get(Bytes.toBytes("row2"));
           get1.addColumn(Bytes.toBytes("grade"), Bytes.toBytes("Java"));
           batch.add(get1);
           // 删除操作
           Delete delete = new Delete(Bytes.toBytes("row3"));
           delete.deleteColumns(Bytes.toBytes("grade"), Bytes.
toBytes("Hbase"));
           batch.add(delete);
           // 创建结果数组
           Object[] results = new Object[batch.size()];
```

```
            // 对 HBase 表中数据完成批量操作
            table.batch(batch,results);
            // 关闭表连接
            table.close();
    } catch (Exception e) {
            // TODO: handle exception
            e.printStackTrace();
    }
    }
```

以上代码表示批量处理操作put()、get()和delete()方法。此代码表示新增row8行的grade列族的english值，值为90分。删除row3行的grade列族的Hbase值（之前row3行的grade列族的Hbase有数据信息）。

在主函数中调用banch ()的方法，代码如下：

```
// 批量删除
banch("course");
```

编译和执行上述程序，并用HBase Shell命令验证输出结果如下：

```
    hbase(main):001:0> scan 'course'
    ROW      COLUMN+CELL
    row1     column=grade:Hbase, timestamp=1561386824436, value=90
    row1     column=grade:Java, timestamp=1561386824455, value=85
    row1     column=info:class, timestamp=1561386824402, value=computer1701
    row1     column=info:number, timestamp=1561386824349, value=1001
    row2     column=grade:C++, timestamp=1561474669414, value=\x00\x00\x00\
x00\x00\x00\x00\x14
    row2     column=grade:Hbase, timestamp=1561387621497, value=88
    row2     column=grade:Java, timestamp=1561387621497, value=87
    row2     column=info:class, timestamp=1561473743879, value=computer1701-
001computer1701-001
    row2     column=info:name, timestamp=1561387621497, value=cherry
    row2     column=info:number, timestamp=1561387621497, value=1002
    row3     column=grade:datastructor, timestamp=1561476532592, value=82
    row3     column=info:class, timestamp=1561387621583, value=computer1701
    row3     column=info:name, timestamp=1561476532592, value=lucy
    row3     column=info:number, timestamp=1561387621583, value=1003
    row8     column=grade:english, timestamp=1561478043573, value=90
    4 row(s) in 0.4960 seconds
```

任务 3.4　Scan 扫描

任务目标

① 掌握HBase的Scan用法、Scan对象、ResultScanner类以及缓存。

② 掌握HBase不进行Scan对象创建的全表扫描的方法。

③ 掌握HBase的进行初始化的全表扫描的方法。

④ 掌握HBase的数据遍历与显示scannerResult的方法。

知识学习

在讨论过基本数据的CRUD类型的操作之后，现在看一下扫描（scan）技术，这种技术类似于数据库系统中的游标（cursor），并利用到了HBase提供的底层顺序存储的数据结构。

1. Scan用法

Scan类拥有以下几种构造器，其基本语法结构如下：

```
Scan()
Scan(byte[] startRow,Filter filter)
Scan(byte[] startRow)
Scan(byte[] startRow,byte[] stopRow)
```

注意：用户可以选择性地提供startRow参数来定义扫描读取HBase表的起始行键，即行键不是必须指定的。同时，可选stopRow参数用来限定读取到何处停止。

2. Scan对象

（1）setStartRow() / setStopRow()

设置扫描的开始行与结束行，通过这两个函数可以直接确定Scan的扫描范围，通过缩小范围可以减少扫描时间，从而提高扫描的效率。

（2）addFamily() / addColumn()

通过这两个函数，可以确定在列或者列簇上的扫描位置。HBase是面向列的数据库，而同一个列簇的数据全部存放在同一个位置的文件中。因此，如果可以确定扫描哪一列族，就可以减少扫描的范围，从而缩短扫描的时间。而在确定到某一列时，也会因为HBase的面向列存储，使得其效率提高。

（3）setMaxVersion() / setMaxVersion(int version)

设置返回的版本数量，默认为返回最新的数据。第一个函数会返回所有的版本数据；第二个函数可以设置返回的版本数量。

（4）setTimeStamp(long max)

返回该时间戳的数据。

（5）setTimeRange(long min,long max)

设置返回的时间戳的范围，只有版本值在该范围之内的数据才会被返回到客户端。

（6）setFilter(Filter f)

设置过滤器，有时候扫描全表返回的数量过大时，可以通过过滤器将不符合的数据进行过滤，这样可以减少从服务器到客户端的数据传送，提高扫描效率。

（7）setCacheBlocks(boole open)

在进行全表扫描过程中，服务器端提供了一个缓存区，该缓存区可以将指定的数据量全部放入到内存中，这样可以提高读取效率。缓存区也可以通过HTable客户端打开。在开发后用户可以通过 setCache(int n)的方式设置每次缓存的数量为多少，通过调整该函数以提高读取的效率。

3. ResultScanner类

扫描操作不会通过一次RPC请求返回所有匹配的行，而是以行为单位返回。很明显，行的数目很大，可能有上千条甚至更多，同时在一次请求中发送大量数据，会占用大量的系统资源并消耗很长时间。

ResultScanner把扫描操作转换为类似的get操作，它将每一行数据封装成一个Result实例，并将所有的Result实例放入一个迭代器中。ResultScanner的一些方法如下：

```
Result next() throws IOException
Result[] next(int nbRows)throws IOException void close ()
```

有两种类型的next ()调用供用户选择。调用close ()方法会释放所有由扫描控制的资源。

next()调用返回一个单独的Result实例，这个实例代表了下一个可用的行。此外，用户可以使用next(int nbRows)一次获取多行数据，它返回一个数组，数组中包含的Result实例最多可达Rows个，每个实例代表唯一的一行。当用户扫描到表尾或到终止行时，由于没有足够的行来填充数据，返回的结果数组可能会小于既定长度。

4. 缓存

早期的HBase在扫描时默认是不开启缓存的，但是经过广大使用者许多次的实践后，现在的HBase在扫描时已经默认开启了缓存。具体来说，每一次的next()操作都会产生一次完整的RPC请求，而这次RPC请求可以获取多少数据是通过hbase-site.xml中的hbase.client.scanner.caching参数配置的。比如，如果配置该项为1，那么当用户遍历了10个结果时就会发送10次请求，显而易见这是比较消耗资源的，尤其是当单条数据量较小的时候。

可以在表的层面修改缓存条数，也可以在扫描的层面去修改。

在表的层面修改是通过把这段配置写到hbase-site.xml内去实现：

```
<property>
<name>hbase.client.csanner.caching</name>
<value>200</value>
</property>
```

上述代码意思是每次next()操作都获取200条数据。hbase.client.scanner.caching的默认配置是100。

在扫描的层面修改缓存可以使用类Scan中的.setCaching(int caching)方法设置一次next()操作获取的数据条数，这个配置优先级比配置文件内的hbase.client.scanner.caching高，可以复写这个配置值。

缓存固然好，但是带来的危害就是会占用大量内存，最糟糕的就是直接出现OutOfMemory Exception，所以也不要盲目地调大缓存。

任务实施

全表扫描是一种不需要行键值的操作，因此初始化时不需要指定行键值，因此就产生了不同的使用方法。

通过一个案例（在任务 3.3 案例的基础上），将任务 3.4 中所讲的知识融会贯通，掌握 HBase 中 Scan 扫描。掌握 Scan 扫描包括：无须 Scan 对象创建的全表扫描、进行初始化的全表扫描和数据遍历与显示 ScannerResult 的全表扫描。

案例需要批量完成如下操作：

① 不创建 Scan 对象的全表扫描成绩表。

② 带初始化的全表扫描成绩表。

③ 数据遍历和显示 scannerResult 方法：

- 利用单行返回数据的方法全表扫描成绩表。
- 利用多行返回数据的方法全表扫描成绩表。
- 利用迭代器遍历方法全表扫描成绩表。

1. 不进行 Scan 对象创建的全表扫描

在该过程中，HTable 对象会在扫描请求发送前隐式地创建一个 Scan 对象，然后传递给 HBase 服务器集群。

不进行 Scan 对象创建的全表扫描 scanWithoutInit() 方法的代码如下：

```
/**
* 全表扫描
* @param tableName  表名，列族
* @param family
*/
public static void scanWithoutInit(String tableName, String family) {
    try {
      // 判断表是否存在，若不存在，无法进行操作
      if (!admin.tableExists(tableName)) {
          System.err.println("the table " + tableName + " is not exist");
          admin.close();
          System.exit(1);
      }
      // 创建表连接
      HTable table = new HTable(conf, tableName);
      // 获取全表扫描
      ResultScanner resultScanner = table.getScanner(Bytes.toBytes(family));
      //全表扫描并打印输出
      Iterator<Result> results = resultScanner.iterator();
      while (results.hasNext()) {
            Result result = results.next();
            for (KeyValue kv : result.raw()) {
               System.out.println(Bytes.toString(kv.getRow()));
```

```
                System.out.println(Bytes.toString(kv.getFamily()));
                System.out.println(Bytes.toString(kv.getQualifier()));
                System.out.println(Bytes.toString(kv.getValue()));
            }
        }
    } catch (Exception e) {
        e.printStackTrace();
    }
}
```

在主函数中调用 scanWithoutInit ()的方法，代码如下：

```
scanWithoutInit("course", "info");
```

此代码表示全表扫描 course 中 info 列族信息，编译和执行上述程序输出结果如下：

```
row1
info
class
computer1701
row1
info
number
1001
row2
info
class
computer1701-001computer1701-001
row2
info
name
cherry
row2
info
number
1002
row3
info
class
computer1701
row3
info
name
lucy
row3
info
number
1003
```

注意：使用 getScanner() 方法时，如果不输入指定的 Scan 对象，则需要输入相应的列族或者列。因此，在不进行 Scan 对象创建的扫描中，需要明确指出列族或者列。当需要扫描多个列族时，该方法就无法起到作用了。

2. 进行初始化的全表扫描

初始化一个 Scan 对象，然后对该对象进行相应的配置，通过 getScanner(Scan scan) 函数进行全表扫描。

进行初始化的全表扫描 scanWithInit() 方法的代码如下：

```
public void scanWithInit(String tableName)
{
    Configuration conf=init();
    try {
        //实例化客户端对象
        HBaseAdmin admin=new HBaseAdmin(conf);
        // 判断表是否存在，若不存在，无法进行操作
        if(!admin.tableExists(tableName))
        {
            System.err.println("the table "+tableName+" is not exist");
            admin.close();
            System.exit(1);
        }
        //创建扫描类对象
        Scan scan=new Scan();
        scan.setStartRow(Bytes.toBytes("row-1"));
        scan.setStopRow(Bytes.toBytes("row-9"));
        //创建表连接
        HTable table=new HTable(conf, tableName);
        //获取全表扫描
        ResultScanner rs=table.getScanner(scan);
        //打印输出结果
        Result result;
        while((result=rs.next())!=null)
        {
            KeyValue[] kvs=result.raw();
            for(KeyValue kv:kvs)
            {
                System.out.println(Bytes.toString(kv.getRow()));
                System.out.println(Bytes.toString(kv.getFamily()));
                System.out.println(Bytes.toString(kv.getQualifier()));
                System.out.println(Bytes.toString(kv.getValue()));
            }
        }
        // 关闭扫描器释放远程资源
        rs.close();
        // 关闭表连接
```

```
        table.close();
    } catch (Exception e){
        e.printStackTrace();
    }
}
```

在主函数中调用scanWithoutInit ()的方法，代码如下：

```
scanWithInit("course","row1","row3");
```

此代码表示全表扫描course（大于等于row1，小于row3的信息），编译和执行上述程序输出结果如下：

```
row1
grade
Hbase
90
row1
grade
Java
85
row1
info
class
computer1701
row1
info
number
1001
row2
grade
C++
_
row2
grade
Hbase
88
row2
grade
Java
87
row2
info
class
computer1701-001computer1701-001
row2
info
name
cherry
```

```
row2
info
number
1002
```

注意：在上段代码中，使用了 setStartRow() 与 setStopRow() 两个函数进行调优。Scan 有多个函数可以进行对全表扫描做出相应的规范。

3. 数据遍历与显示 ScannerResult

通过上述两种方法可以发送对表的遍历请求，当发送后，服务器会启动相应的全表扫面程序，从而准备向客户端返回相应的数据。因此，根据客户端的遍历需要对数据发出请求，然后将请求的结果返回，客户端拿到后再进行展示。

（1）next() 的单行返回数据的方法

代码如下：

```
/**
* 单行返回
* @param tableName  表名
* @param family     列族
*/
public static void scannerResultNext(String tableName, String family) {
   try {
   // 判断表是否存在，若不存在，无法进行操作
       if (!admin.tableExists(tableName)) {
           System.err.println("the table " + tableName + " is not exist");
           admin.close();
           System.exit(1);
       }
       // 创建表连接
       HTable table = new HTable(conf, tableName);
       // 获取全表扫描
       ResultScanner rs = table.getScanner(Bytes.toBytes(family));
       // 全部遍历并打印输出结果
       Result result = null;
       while ((result = rs.next()) != null) {
       KeyValue[] kvs = result.raw();
       for (KeyValue kv : kvs) {
               System.out.println(Bytes.toString(kv.getRow()));
               System.out.println(Bytes.toString(kv.getFamily()));
               System.out.println(Bytes.toString(kv.getQualifier()));
               System.out.println(Bytes.toString(kv.getValue()));
           }
       }
       rs.close();
       // 关闭表连接
       table.close();
   } catch (Exception e) {
```

```
            // TODO: handle exception
            e.printStackTrace();
        }
    }
```

此代码表示全表扫描course的info信息，一次请求最大数量默认设置为100，因此对于数据信息量少的表"course"，实则是把"info"列族信息全部显示出来，故此方法主要针对数据量比较大的表。在主函数中调用scannerResult()的方法代码如下：

```
    scannerResult("course","info");
```

注意：next()方法会默认向客户端请求发送一行数据请求，当服务器端的Scan程序接收到请求后，会将需要返回的数据封装成一个Result对象返回给客户端，因此客户端可以通过Result对象去接收该行数据。接收到的数据跟Get中的Result使用方法相同。

（2）next(int n)的多行返回数据的方法

next(int n)函数会向服务器发送多个请求，以返回多条数据。多行返回next()方法的代码如下：

```
    /** 多行返回和单行返回用多态来实现
    * @param tableName   表名
    * @param family      列族
    * @param  rowNumber  请求次数
    */
    public static void scannerResultNext(String tableName, String family, int
rowNumber) {
        try {
            // 判断表是否存在，若不存在，无法进行操作
            if (!admin.tableExists(tableName)) {
                System.err.println("the table " + tableName + " is not exist");
                admin.close();
                System.exit(1);
            }
            // 创建表连接
            HTable table = new HTable(conf, tableName);
            // 获取全表扫描
            ResultScanner rs = table.getScanner(Bytes.toBytes(family));
            //全部遍历并打印输出结果
            Result[] results = null;
            while ((results = rs.next(rowNumber)) != null) {
                for (Result r : results) {
                    KeyValue[] kvs = r.raw();
                    for (KeyValue kv : kvs) {
                        System.out.println(Bytes.toString(kv.getRow()));
                        System.out.println(Bytes.toString(kv.getFamily()));
                        System.out.println(Bytes.toString(kv.getQualifier()));
                        System.out.println(Bytes.toString(kv.getValue()));
                    }
```

```
            }
        }
        // 关闭扫描器释放远程资源
        rs.close();
        // 关闭表连接
        table.close();
    } catch (Exception e) {
    // TODO: handle exception
    e.printStackTrace();
    }
}
```

此代码表示向服务器发送2个请求，即显示course表中200条记录（一次请求最大数量默认设置为100），因此对于数据信息量少的表course，实则是把info列族信息全部不显示出来，故此方法主要针对数据量比较大的表。在主函数中调用scannerResultNext()的方法代码如下：

```
scannerResultNext("course", "info",2);
```

注意： next(intn)函数返回的是一个Result数组。用户接收到数据后可以进行相应的操作。

（3）迭代器遍历

迭代器遍历scannerResult()方法的代码如下：

```
/**
* 迭代器遍历
* @param tableName  表名
* @param family     列族
*/
public static void scannerResult(String tableName, String family) {
    try {
        // 判断表是否存在，若不存在，无法进行操作
        if (!admin.tableExists(tableName)) {
        System.err.println("the table " + tableName + " is not exist");
        admin.close();
        System.exit(1);
        }
        // 创建表连接
        HTable table = new HTable(conf, tableName);
        // 获取全表扫描
        ResultScanner rs = table.getScanner(Bytes.toBytes(family));
        // 全表扫描并打印输出
        Iterator<Result> resultIterator = rs.iterator();
        while (resultIterator.hasNext()) {
        Result result = resultIterator.next();
        KeyValue[] kvs = result.raw();
        for (KeyValue kv : kvs) {
            System.out.println(Bytes.toString(kv.getRow()));
            System.out.println(Bytes.toString(kv.getFamily()));
            System.out.println(Bytes.toString(kv.getQualifier()));
```

```
            System.out.println(Bytes.toString(kv.getValue()));
        }
        }
        // 关闭扫描器释放远程资源
        rs.close();
        // 关闭表
        table.close();
    } catch (Exception e) {
    // TODO: handle exception
    e.printStackTrace();
    }
}
```

此代码表示全表扫描"course"的"info"信息，在主函数中调用scannerResult()的方法代码如下：

```
scannerResult("course","info");
```

编译和执行上述程序输出结果如下：

```
row1
info
class
computer1701
row1
info
number
1001
row2
info
class
computer1701-001computer1701-001
row2
info
name
cherry
row2
info
number
1002
row3
info
class
computer1701
row3
info
name
lucy
row3
```

```
info
number
1003
```

任务 3.5　综合案例实训

任务目标

① 掌握HBase数据库的4大基本操作（增、删、改、查）。

② 掌握HBase的批量处理。

③ 掌握HBase的Scan扫描。

④ 掌握HBase数据库的应用。

知识学习

本任务通过一个小案例，将单元3中所讲的知识融会贯通。掌握HBase中客户端的API操作，涵盖操作数据的CRUD（增、删、改、查）；批量完成插入、获取和删除操作；Scan扫描等，内容详见任务3.2、任务3.3和任务3.4。

任务实施

本任务需要的操作如下：

（1）表的基本操作

① 创建学生表，包含基本信息和扩展信息两个列族。

② 向学生表中插入两条记录。行键为row1：基本信息列族下包含散列，其中学号的值为1001，姓名的值为sunny，年龄的值为21。扩展信息列族包含三列，其中班级的值computer1701，学校的值为taihuuniversity，城市的值为wuxi。行键为row2：基本信息列族下包含散列，其中学号的值为1002，姓名的值为cherry，年龄的值为20。扩展信息列族包含三列，其中班级的值computer1701，学校的值为taihuuniversity，城市的值为wuxi。

③ 从学生表中获取行键为row2的数据信息。

④ 对学生表进行修改，具体描述为：在row1中将扩展信息列族下的班级列删除，并且修改基本信息列族下的姓名列的值为Jane，同时在扩展信息列族下增加一个新的列（性别），其值为female（女性）。

⑤ 将学生表中行键为row2行的信息删除。

（2）对于学生表的row1行，批量处理的操作

① 添加扩展信息列族下的班级列的值为computer1701。

② 获取基本信息列族下的学号列的信息。

③ 删除扩展信息列族下的城市列。

（3）Scan扫描

对学生表全表扫描返回基本信息列族的信息。

1. 增、删、改、查的具体实现

（1）新建表

创建一个学生表student，涵盖2个列族：一个是基本信息列族（Baseinfo）；一个是扩展信息列族（Extensioninfo）。创建表的方法creatTable()在任务3.1中已经详细介绍过。在主函数中调用此方法，实现上述功能的代码如下：

```
creatTable("student", new String[] { "Baseinfo", "Extensioninfo" });
```

编译和执行上述程序输出结果如下：

```
create table student ok.
```

在HBase Shell命令中查看新建的student表如下：

```
hbase(main):003:0> scan 'student'
ROW      COLUMN+CELL
0 row(s) in 0.0420 seconds
```

（2）插入信息

向student（学生表）中批量插入两条记录：

行键为row1，列族为"Baseinfo"（基本信息）下有3个列，分别为number（学号）、name（姓名）和age（年龄），各自对应的值为1001、sunny和21。列族为Extensioninfo（扩展信息）下有3个列，分别为class（班级）、school（学校）和city（城市），各自对应的值为computer1701、taihuuniversity和wuxi。

行键为row2，列族为Baseinfo（基本信息）下有3个列，分别为number（学号）、name（姓名）和age（年龄），各自对应的值为1002、cherry和20。列族为Extensioninfo（扩展信息）下有3个列，分别为class（班级）、school（学校）和city（城市），各自对应的值为computer1701、taihuuniversity和wuxi。

批量插入方法putList()在任务3.2中已经详细介绍过，在主函数中调用此方法实现上述功能的代码如下：

```
    //批量插入
    String[] rowKeys1 = new String[] { "row1", "row1", "row1", "row1",
"row1","row1"};
    String[] families1 = new String[] { "Baseinfo", "Baseinfo",
"Baseinfo","Extensioninfo", "Extensioninfo", "Extensioninfo" };
    String[] columns1 = new String[] { "number", "name", "age", "class",
"school","city" };
    String[] values1 = new String[] { "1001", "sunny","21", "computer1701",
"taihuuniversity", "wuxi" };
    putList("student", rowKeys1, families1, columns1, values1);
    String[] rowKeys2 = new String[] { "row2", "row2", "row2", "row2", "row2","row2"};
    String[] families2 = new String[] { "Baseinfo", "Baseinfo",
"Baseinfo","Extensioninfo", "Extensioninfo", "Extensioninfo" };
```

```
    String[] columns2 = new String[] { "number", "name", "age", "class",
"school","city" };
    String[] values2 = new String[] { "1002", "cherry", "20","computer1701",
"taihuuniversity", "wuxi" };
    putList("student", rowKeys2, families2, columns2, values2);
```

编译和执行上述程序，并在HBase Shell命令中查看student表信息如下：

```
    hbase(main):014:0> scan 'student'
    ROW      COLUMN+CELL
    row1     column=Baseinfo:age, timestamp=1561565601987, value=21
    row1     column=Baseinfo:name, timestamp=1561565601987, value=sunny
    row1     column=Baseinfo:number, timestamp=1561565601987, value=1001
    row1     column=Extensioninfo:city, timestamp=1561565601987, value=wuxi
    row1     column=Extensioninfo:class, timestamp=1561565601987, value=compu
ter1701
    row1     column=Extensioninfo:school, timestamp=1561565601987, value=taih
uuniversity
    row2     column=Baseinfo:age, timestamp=1561565602078, value=20
    row2     column=Baseinfo:name, timestamp=1561565602078, value=cherry
    row2     column=Baseinfo:number, timestamp=1561565602078, value=1002
    row2     column=Extensioninfo:city, timestamp=1561565602078, value=wuxi
    row2     column=Extensioninfo:class, timestamp=1561565602078, value=compu
ter1701
    row2     column=Extensioninfo:school, timestamp=1561565602078, value=taih
uuniversity
    2 row(s) in 0.0650 seconds
```

（3）获取信息

从student（学生表）中获取行键为row2的信息。

获取多行方法getList()在任务3.2中已详细介绍过，在主函数中调用此方法，实现上述功能的代码如下：

```
    //获取多行数据信息
    String[] rowKeys = new String[] { "row2", "row2", "row2", "row2", "row2","row2" };
    String[] families = new String[] { "Baseinfo", "Baseinfo", "Baseinfo",
"Extensioninfo", "Extensioninfo", "Extensioninfo"};
    String[] columns = new String[] { "number", "name", "age", "class", "school",
"city" };
    getList("student", rowKeys, families, columns);
```

编译和执行上述程序，显示student（学生表）中行键为row2的输出结果如下：

```
    row2
    Baseinfo
    number
    1002
    row2
    Baseinfo
    name
```

```
cherry
row2
Baseinfo
age
20
row2
Extensioninfo
class
computer1701
row2
Extensioninfo
school
taihuuniversity
row2
Extensioninfo
city
wuxi
```

（4）修改信息

对于student（学生表），在row1中删除class这列时，修改name的值为Jane（原来值为sunny），同时还要新增一列sex，其值为女。

实现此功能的代码如下：

```
public static void mutation1(String tableName) {
     try {
          // 判断表是否存在，若不存在，无法进行操作
          if (!admin.tableExists(tableName)) {
          System.out.println("the table " + tableName + " is not exist");
          admin.close();
          System.exit(1);
     }
     // 创建表连接
     HTable table = new HTable(conf, tableName);
     // 删除 class 这列
     Delete delete=new Delete(Bytes. toBytes("row1"));
     delete.addColumn(Bytes.toBytes("Extensioninfo"), Bytes. toBytes("class"));
     // 修改 name 的值为 Jane
     Put edit=new Put(Bytes.toBytes("row1"));
     edit.addColumn(Bytes.toBytes("Baseinfo"), Bytes.toBytes("name"),
Bytes.toBytes("Jane"));
     // 新增一列 sex，其值为女
     Put put=new Put(Bytes.toBytes("row1"));
          put.addColumn(Bytes.toBytes("Extensioninfo"),Bytes.toBytes("sex"),
Bytes.toBytes("female"));
     // 创建 RowMutations 对象
     RowMutations rowMutations=new RowMutations(Bytes. toBytes("row1"));
     // 将 Delete、Edit 和 Put 对象添加到 RowMutations 对象中
```

```
        rowMutations.add(delete);
        rowMutations.add(edit);
        rowMutations.add(put);
        // 对 HBase 表中数据进行修改
        table.mutateRow(rowMutations);
        }
        catch (Exception e) {
        // 处理异常
        e.printStackTrace();
        }
    }
```

在主函数中调用mutation1 ()的方法代码如下：

```
mutation1("student");
```

编译和执行上述程序代码后的数据信息如下：

```
ROW        COLUMN+CELL
row1       column=Baseinfo:age, timestamp=1561568671797, value=21
row1       column=Baseinfo:name, timestamp=1561568859308, value=Jane
row1       column=Baseinfo:number, timestamp=1561568671797, value=1001
row1       column=Extensioninfo:city, timestamp=1561568671797,value=wuxi
row1       column=Extensioninfo:school, timestamp=1561568671797, value=taihuuniversity
row1       column=Extensioninfo:sex, timestamp=1561568859308, value=female
row2       column=Baseinfo:age, timestamp=1561568671912, value=20
row2       column=Baseinfo:name, timestamp=1561568671912, value=cherry
row2       column=Baseinfo:number, timestamp=1561568671912, value=1002
row2       column=Extensioninfo:city, timestamp=1561568671912, value=wuxi
row2       column=Extensioninfo:class, timestamp=1561568671912, value=computer1701
row2       column=Extensioninfo:school, timestamp=1561568671912, value=taih
uuniversity
2 row(s) in 0.0560 seconds
```

（5）删除信息

从student中删除行键为row2的信息。

多行删除方法deleteList在任务3.2中已详细介绍过，在主函数中调用此方法实现上述功能的代码如下：

```
    // 多行删除
    String[] rowKeys = new String[] { "row2", "row2", "row2", "row2", "row2","row2"};
    String[] families = new String[] { "Baseinfo", "Baseinfo", "Baseinfo",
"Extensioninfo", "Extensioninfo", "Extensioninfo"};
    String[] columns = new String[] { "number", "name", "age", "class", "school",
"city" };
    deleteList("student",rowKeys,families,columns);
```

编译和执行上述程序，并在HBase Shell命令中查看student表信息，只剩下行键为row1的信息，如下所示：

```
hbase(main):001:0> scan 'student'
ROW   COLUMN+CELL
row1  column=Baseinfo:age, timestamp=1561568671797, value=21
row1  column=Baseinfo:name, timestamp=1561568859308, value=Jane
row1  column=Baseinfo:number, timestamp=1561568671797, value=1001
row1  column=Extensioninfo:city, timestamp=1561568671797, value=wuxi
row1  column=Extensioninfo:school, timestamp=1561568671797, value=taihuu
niversity
row1  column=Extensioninfo:sex, timestamp=1561568859308, value=female
1 row(s) in 0.5270 seconds
```

2. 批量处理

对于student表，在row1中将删除的class列（值为computer1701）重新添加，并且删除city列。

实现此功能的代码如下：

```
public static void banch1(String tableName) {
    try {
        // 判断表是否存在，若不存在，无法进行操作
        if (!admin.tableExists(tableName)) {
            System.out.println("the table " + tableName + " is not exist");
            admin.close();
            System.exit(1);
        }
        // 创建表连接
        HTable table = new HTable(conf, tableName);
        //创建列表存放所有的批量操作
        List<Row> batch = new ArrayList<Row>();
        // 添加的"class"列（值为computer1701）
        Put put = new Put(Bytes.toBytes("row1"));
        put.add(Bytes.toBytes("Extensioninfo"), Bytes.toBytes("class"),
Bytes.toBytes("computer1701"));
        batch.add(put);
        // 获取row1行基本信息列族的学号信息
        Get get1 = new Get(Bytes.toBytes("row1"));
        get1.addColumn(Bytes.toBytes("Baseinfo"), Bytes.
toBytes("number"));
        batch.add(get1);
        // 删除"city"列
        Delete delete = new Delete(Bytes.toBytes("row1"));
        delete.deleteColumns(Bytes.toBytes("Extensioninfo"), Bytes.toBytes
("city"));
        batch.add(delete);
        // 创建结果数组
        Object[] results = new Object[batch.size()];
        // 对HBase表中数据完成批量操作
        table.batch(batch,results);
```

```
        // 关闭表连接
        table.close();
    } catch (Exception e) {
    // TODO: handle exception
    e.printStackTrace();
    }
}
```

在主函数中调用banchl()的方法代码如下：

```
banch1("student");
```

编译和执行上述程序代码后的数据信息如下：

```
hbase(main):002:0> scan 'student'
ROW      COLUMN+CELL
row1     column=Baseinfo:age, timestamp=1561568671797, value=21
row1     column=Baseinfo:name, timestamp=1561568859308, value=Jane
row1     column=Baseinfo:number, timestamp=1561568671797, value=1001
row1     column=Extensioninfo:class, timestamp=1561569666831, value=compu
ter1701
row1     column=Extensioninfo:shool, timestamp=1561568671797, value=taihu
university
row1     column=Extensioninfo:sex, timestamp=1561568859308, value=female
row(s) in 0.0460 seconds
```

3. Scan扫描

对student表进行全表扫描，扫描出Baseinfo列族的基本信息。

全表扫描方法scanWithoutInit ()在任务3.4中详细介绍过，在主函数中调用此方法，实现上述功能的代码如下：

```
//全表扫描
scanWithoutInit("student", "Baseinfo");
```

编译和执行上述程序，输出结果如下：

```
row1
Baseinfo
age
21
row1
Baseinfo
name
Jane
row1
Baseinfo
number
1001
```

单元小结

本单元从搭建一个简单的HBase客户端API的应用程序，依次介绍数据库连接、创建表；HBase中数据库的初始基本操作（涵盖增删改查等基本操作）；HBase中API调用实现批量处理操作以及HBase中扫描（Scan）技术。此外，还介绍了HBase的特性，涵盖支持的数据格式、Byte类和Htable类。

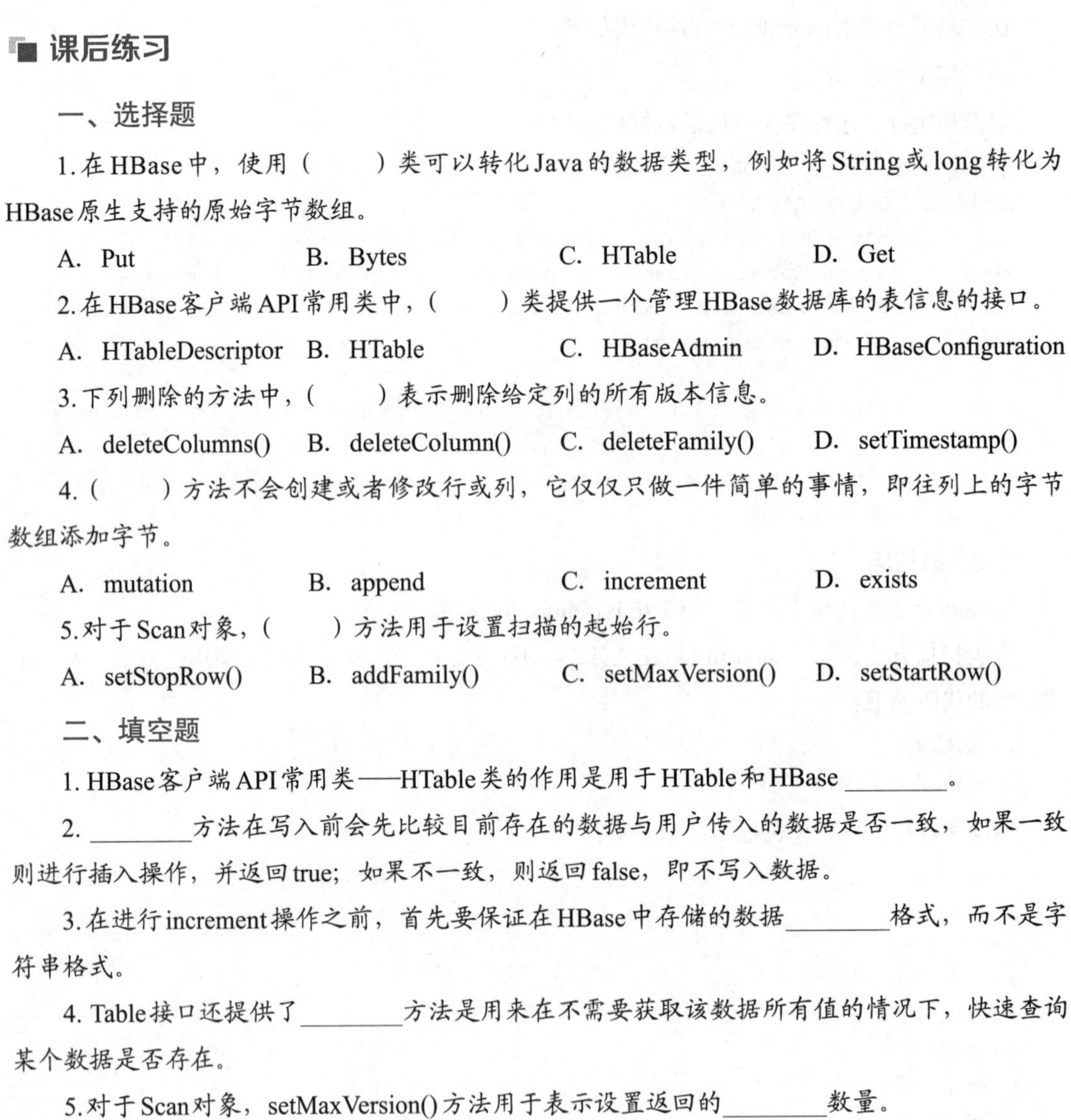

课后练习

一、选择题

1. 在HBase中，使用（　　）类可以转化Java的数据类型，例如将String或long转化为HBase原生支持的原始字节数组。

A. Put　　B. Bytes　　C. HTable　　D. Get

2. 在HBase客户端API常用类中，（　　）类提供一个管理HBase数据库的表信息的接口。

A. HTableDescriptor　　B. HTable　　C. HBaseAdmin　　D. HBaseConfiguration

3. 下列删除的方法中，（　　）表示删除给定列的所有版本信息。

A. deleteColumns()　　B. deleteColumn()　　C. deleteFamily()　　D. setTimestamp()

4. （　　）方法不会创建或者修改行或列，它仅仅只做一件简单的事情，即往列上的字节数组添加字节。

A. mutation　　B. append　　C. increment　　D. exists

5. 对于Scan对象，（　　）方法用于设置扫描的起始行。

A. setStopRow()　　B. addFamily()　　C. setMaxVersion()　　D. setStartRow()

二、填空题

1. HBase客户端API常用类——HTable类的作用是用于HTable和HBase________。

2. ________方法在写入前会先比较目前存在的数据与用户传入的数据是否一致，如果一致则进行插入操作，并返回true；如果不一致，则返回false，即不写入数据。

3. 在进行increment操作之前，首先要保证在HBase中存储的数据________格式，而不是字符串格式。

4. Table接口还提供了________方法是用来在不需要获取该数据所有值的情况下，快速查询某个数据是否存在。

5. 对于Scan对象，setMaxVersion()方法用于表示设置返回的________数量。

单元 4 HBaseAdmin API

本单元提供的信息是关于使用 HBase Java API 操作。HBase 是用 Java 编写的，因此它提供 Java API 和 HBase 通信。Java API 是与 HBase 通信的最快方法。HBaseAdmin 是一个类表示管理。这个类属于 org.apache.hadoop.hbase.client 包。使用这个类，可以执行管理员任务。

学习目标

视频

HBaseAdmin API

【知识目标】

- 学习 HBaseAdmin类的使用方法。
- 学习 HBaseAdmin的表操作。

【能力目标】

- 能够熟练使用HBaseAdmin类和Decriptor类。
- 能够使用HBase Admin实现表的操作。

任务 4.1 学习 HBaseAdmin API

任务目标

① 掌握HBaseAdmin类的用法。

② 了解Descriptor类。

知识学习

HBase是Hadoop的数据库，能够对大数据提供随机、实时读/写访问。它是开源的、分布式的、多版本的、面向列的存储模型。在讲解时，首先令学生了解一下HBase的整体结构，如图4-1所示。

HBase Master负责管理所有的HRegion服务器，但并不存储HBase服务器的任何数据。HBase逻辑上的表可能会划分为多个HRegion，然后存储在HRegion Server群中，HBase Master Server中存储的是从数据到HRegion Server的映射。

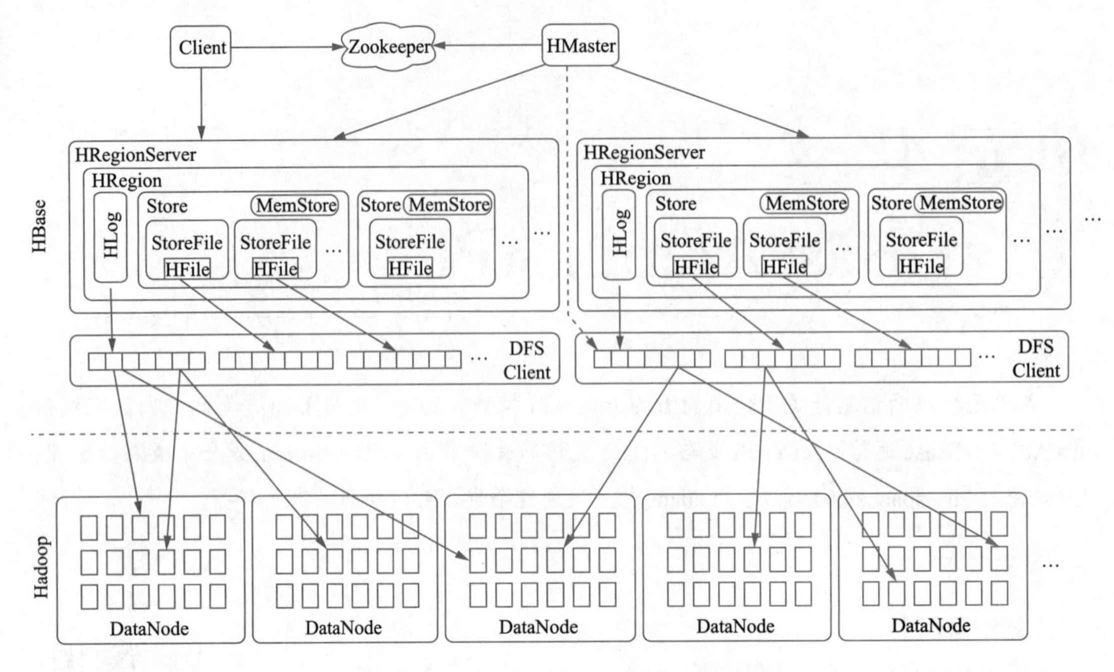

图4-1　HBase的整体结构

一台机器只能运行一个HRegion服务器，数据的操作会记录在Hlog中。在读取数据时，HRegion会先访问Hmemcache缓存，如果缓存中没有数据则回到Hstore中查找。每一个列都会有一个Hstore集合，每个Hstore集合包含了很多具体的HstoreFile文件，方便快速读取。

任务实施

1. 掌握HBaseAdmin类

使用Connection.getAdmin()方法来获取管理员的实例：

① 方法：void createTable(HTableDescriptor desc)

说明：创建一个新的表。

② 方法：void createTable(HTableDescriptor desc, byte[][] splitKeys)

说明：创建一个新表使用一组初始指定的分割键限定空区域。

③ 方法：void deleteColumn(byte[] tableName, String columnName)

说明：从表中删除列。

④ 方法：void deleteColumn(String tableName, String columnName)

说明：删除表中的列。

⑤ 方法：void deleteTable(String tableName)

说明：删除表。

具体操作详见本单元任务4.2HBase的表API操作。

2. 了解Descriptor类

Descriptor类包含一个HBase表，有所有列族的描述、存储的最大尺寸、当区域分割发生、与之相关联的协同处理器等。

① 构造函数：HTableDescriptor(TableName name)

说明：构造一个表描述符指定TableName对象。

② 方法：HTableDescriptor addFamily(HColumnDescriptor family)

说明：按给定的描述符向列家族添加列。

创建student表，并添加学号XH和姓名NA列。

```
HTableDescriptor table = new HTableDescriptor(toBytes("student "));
//创建列族描述符
HColumnDescriptor family = new HColumnDescriptor(toBytes("XH"));
//向HTable添加列族
table.addFamily(NA);
```

任务4.2 HBase的表API操作

任务目标

① 熟悉HBase的表API操作的基本方法。

② 掌握HBase表的API基本操作。

知识学习

1. HBaseConfiguration

HBaseConfiguration是每一个HBase Client都会使用到的对象，代表的是HBase配置信息。它有两种构造方式：

```
public HBaseConfiguration()
public HBaseConfiguration(final Configuration c)
```

2. addFamily()方法

在Java API操作HBase时，通过HTableDescriptor的addFamily()方法增加family。使用方式如下：

```
public void addFamily(final HColumnDescriptor family)
```

HColumnDescriptor代表的是列的模式，提供比较常用的方法如下：

① setTimeToLive：指定最大的TTL，单位是ms，过期数据会被自动删除。

② setInMemor：指定是否放在内存中，对小表有用，可用于提高效率。默认是关闭选项。

③ setBloomFilter：指定是否使用BloomFilter，可提高随机查询效率，默认是关闭选项。

④ setCompressionType：设置数据压缩类型，默认无压缩。

⑤ setMaxVersions：指定数据最大保存的版本个数，默认为3。

3. 建表API

代码如下：

```
void createTable(HTableDescriptor desc)
void createTable(HTableDescriptor desc, byte[] startKey, byte[] endKey,
int numRegions)
void createTable(HTableDescriptor desc, byte[][] splitKeys)
void createTableAsync(HTableDescriptor desc, byte[][] splitKeys)
```

第一个函数相对简单，就是创建一个表，这个表没有任何Region。后3个函数是创建表时，帮用户分配好指定数量的Region（提前分配Region的好处是为了减少split（分裂），这样能节省不少时间）。

第二个函数是用户指定表的“起始行键”、“末尾行键”和Region的数量，这样系统自动给用户划分Region。根据的Region个数，来均分所有的行键。这个方法有个问题，如果用户表的行键不是连续的，就会导致有些Region的行键不会用到，有些Region是全满的。

所以，HBase给出了第三种和第四种方法。这两个函数用户需要自己划分Region。这个函数的参数splitKeys是一个二维字节数据，行的最大数表示Region划分数+1，列表示Region和Region之间的行键。

4. 删除表

删除表也是通过HBaseAdmin来操作，删除表之前首先要disable（禁用）表。这是一个非常耗时的操作，所以不建议频繁删除表。

disableTable和deleteTable分别用来disable（禁用）和delete（删除）表。

```
admin = new HBaseAdmin(HbaseConf);
admin.disableTable(tableName);
admin.deleteTable(tableName);
```

5. 查询数据

查询分为单条随机查询和批量查询。

单条查询是通过rowkey在table中查询某一行的数据。HTable提供了get()方法来完成单条查询。

批量查询是通过指定一段rowkey的范围来查询。HTable提供了一个getScanner()方法来完成批量查询。

```
public Result get(final Get get)
public ResultScanner getScanner(final Scan scan)
```

Get对象包含了一个Get查询需要的信息。它的构造方法有两种：

```
public Get(byte [] row)
public Get(byte [] row, RowLock rowLock)
```

① RowLock：为了保证读/写的原子性，用户可以传递一个已经存在的Rowlock，否则HBase会自动生成一个新的RowLock。

② Scan：Scan对象提供了默认构造函数，一般使用默认构造函数。

③ Get/Scan的常用方法：

• addFamily/addColumn：指定需要的family或者column，如果没有调用任何addFamily或者Column，会返回所有的columns。

• setMaxVersions：指定最大的版本个数。如果不带任何参数调用setMaxVersions，表示取所有的版本。如果不调用setMaxVersions，只会取到最新的版本。

• setTimeRange：指定最大的时间戳和最小的时间戳，只有在此范围内的cell才能被获取。

• setTimeStamp：指定时间戳。

• setFilter：指定Filter来过滤掉不需要的信息。

④ Scan特有的方法：

• setStartRow：指定开始的行。如果不调用，则从表头开始。

• setStopRow：指定结束的行（不含此行）。

• setBatch：指定最多返回的cell数目。用于防止一行中有过多的数据，导致OutofMemory错误。

⑤ ResultScanner：它是Result的一个容器，每次调用ResultScanner的next()方法，会返回Result。

```
public Result next() throws IOException;
public Result [] next(int nbRows) throws IOException;
```

Result代表是一行的数据。常用方法如下：

• getRow：返回rowkey。

• raw：返回所有的key value数组。

• getValue：按照column来获取cell的值。

任务实施

以下实例是基于学生表student的操作，主要是创建student表、列出student表、禁用student表、启用student表、对student表进行描述和修改、验证student表是否存在以及删除student表。该表主要有NA、XH等属性。

1. HBase创建表

使用Java API创建一个表。可以使用HBaseAdmin类的createTable()方法创建表在HBase中。这个类属于org.apache.hadoop.hbase.client包。下面给出的步骤是使用Java API在HBase中创建表。

（1）实例化HBaseAdmin

这个类需要配置对象作为参数，因此初始实例配置类传递此实例给HBaseAdmin。

```
//创建HBase管理配置对象
Configuration con = new Configuration();
con.set("hbase.zookeeper.quorum",slave0,slave1,slave2");
```

```
// 在 HBase 中管理、访问表需要创建 HBaseAdmin 对象
HBaseAdmin admin = new HBaseAdmin(conf);
```

(2) 创建TableDescriptor

HTableDescriptor类属于org.apache.hadoop.hbase。这个类就像表名和列族的容器一样。

```
// 创建表的描述符
HTableDescriptor table = new HTableDescriptor(toBytes("Table name"));
// 创建列族描述符
HColumnDescriptor family = new HColumnDescriptor(toBytes("column
family"));
// 向 HTable 添加列族
table.addFamily(family);
```

(3) 通过执行管理

使用HBaseAdmin类的createTable()方法，可以在管理模式执行创建的表。

```
admin.createTable(table);
```

通过管理员创建一个表，此处只需要提供表名即可，默认会提供属性。

```
student
```

编译和执行上述程序如下：

```
import java.io.IOException;
import org.apache.hadoop.hbase.HBaseConfiguration;
import org.apache.hadoop.hbase.HColumnDescriptor;
import org.apache.hadoop.hbase.HTableDescriptor;
import org.apache.hadoop.hbase.client.HBaseAdmin;
import org.apache.hadoop.hbase.TableName;
import org.apache.hadoop.conf.Configuration;
public class create_student_table {
    public static void main(String[] args) throws IOException {
        // 实例化配置类
        Configuration con = new Configuration();
        con.set("hbase.zookeeper.quorum", "slave0,slave1,slave2");
        // 实例化 HbaseAdmin 类
        HBaseAdmin admin = new HBaseAdmin(con);
        // 实例代表描述符类
        HTableDescriptor tableDescriptor = new
        HTableDescriptor(TableName.valueOf("student"));
        // 向表描述符添加列族
        tableDescriptor.addFamily(new HColumnDescriptor("XH"));
        tableDescriptor.addFamily(new HColumnDescriptor("NA"));
        // 通过 admin 执行表
        admin.createTable(tableDescriptor);
        System.out.println(" studentTable created ");
    }
}
```

编译和执行上述程序如下：

```
$javac create_student_table.java
$java create_student_table
```

输出结果如下：

```
studentTable created
```

使用HBaseShell操作查看已创建的表：

```
hbase(main):002:0> list
TABLE
student
1 row(s) in 0.0350 seconds
=> ["student"]
```

2. HBase列出表

使用Java API列出表，按照下面给出的步骤来使用Java API从HBase获得表的列表。

①在类HBaseAdmin中有一个方法listTables()，列出HBase中所有表的列表。这个方法返回HTableDescriptor对象的数组。

```
//创建配置对象
Configuration con = new Configuration();
con.set("hbase.zookeeper.quorum", "slave0,slave1,slave2");
//创建 HBaseAdmin 对象
HBaseAdmin admin = new HBaseAdmin(con);
使用 HBaseAdmin object HTableDescriptor[]tableDescriptor=admin.list tables( )
获取所有表的列表
```

②可以得到使用HTableDescriptor类长度可变的HTableDescriptor[]数组的长度。从该对象使用getNameAsString()方法获得表的名称。运行for循环而获得HBase表的列表。

下面给出的是使用Java API程序列出HBase中所有表的列表。

```
import java.io.IOException;
import org.apache.hadoop.conf.Configuration;
import org.apache.hadoop.hbase.HBaseConfiguration;
import org.apache.hadoop.hbase.HTableDescriptor;
import org.apache.hadoop.hbase.MasterNotRunningException;
import org.apache.hadoop.hbase.client.HBaseAdmin;
public class List_student_table {
    public static void main(String args[])throws
MasterNotRunningException, IOException{
        //实例化配置类
        Configuration con = new Configuration();
        con.set("hbase.zookeeper.quorum", "slave0,slave1,slave2");
        //实例化 HBaseAdmin 类
        HBaseAdmin admin = new HBaseAdmin(con);
        //使用 HBaseAdmin 对象获取所有表的列表
        HTableDescriptor[] tableDescriptor =admin.listTables();
        //打印所有表名
```

```
        for (int i=0; i<tableDescriptor.length;i++ ){
            System.out.println(tableDescriptor[i].getNameAsString());
        }
    }
}
```

编译和执行上述程序如下：

```
$javac List_student_table.java
$java List_student_table
```

输出结果如下：

```
student
```

该方法与使用list列出HBase中所有表的命令的含义是一致的。

3. HBase禁用表

使用Java API禁用表。首先要验证一个表是否被禁用，然后使用isTableDisabled()方法和disableTable()方法禁用一个表。这些方法属于HBaseAdmin类。按照下面方式给出禁用表中的步骤。

①HBaseAdmin类的实例如下：

```
//创建配置对象
Configuration con = new Configuration();
con.set("hbase.zookeeper.quorum", "slave0,slave1,slave2");
//创建 HBaseAdmin 对象
HBaseAdmin admin = new HBaseAdmin(con);
```

②使用isTableDisabled()方法验证表是否被禁用，代码如下：

```
Boolean bool = admin.isTableDisabled("student");
```

③如果表未禁用，则禁用它，代码如下：

```
if(!bool){
    admin.disableTable("student");
    System.out.println("studentTable disabled");
}
```

如下代码是完整的程序，以验证表是否被禁用：

```
import java.io.IOException;
import org.apache.hadoop.conf.Configuration;
import org.apache.hadoop.hbase.HBaseConfiguration;
import org.apache.hadoop.hbase.MasterNotRunningException;
import org.apache.hadoop.hbase.client.HBaseAdmin;
public class disable_student_table {
    public static void main(String args[]) throws
MasterNotRunningException, IOException{
        Configuration con = new Configuration();
        con.set("hbase.zookeeper.quorum", "slave0,slave1,slave2");
        // 实例化 HBaseAdmin 类
```

```
        HBaseAdmin admin = new HBaseAdmin(con);
        //验证表是否要被禁用
        Boolean bool = admin.isTableDisabled("student");
        System.out.println(bool);
        //使用 HBaseAdmin 对象禁用表
        if(!bool){
            admin.disableTable("student");
            System.out.println("studentTable disabled");
        }
    }
}
```

编译和执行上述程序，代码如下：

```
$javac disable_student_table.java
$java disable_student_table
```

输出结果如下：

```
false
studentTable disabled
```

可以使用HBase Shell中is_disabled来查看student表是否被禁用，代码如下：

```
hbase(main):004:0> is_disabled 'student'
true
0 row(s) in 0.1820 seconds
```

禁用表之后，仍然可以通过list和exists命令查看。如果无法扫描到它存在，会报如下代码所示的错误。

```
hbase(main):005:0> scan 'student'
ROW                       COLUMN+CELL
ERROR: student is disabled.
```

4. HBase启用表

使用Java API启用表。要验证一个表是否被启用，可以使用isTableEnabled()方法，并且使用enableTable()方法使一个表启用。这些方法属于HBaseAdmin类。可以按照如下所示的步骤启用表。

（1）HBaseAdmin类的实例如下：

```
//创建配置对象
Configuration con = new Configuration();
con.set("hbase.zookeeper.quorum", "slave0,slave1,slave2");
// 创建 HBaseAdmin 对象
HBaseAdmin admin = new HBaseAdmin(con);
```

（2）使用isTableEnabled()方法验证表是否被启用，代码如下：

```
Boolean bool=admin.isTableEnabled("student");
```

（3）如果表未禁用，则禁用它，代码如下：

```
if(!bool){
```

```
    admin.enableTable("student");
    System.out.println("studentTable enabled");
}
```

下面给出的是完整的程序，以验证表是否已启用，如果表未被启用，则启用它。

```
import java.io.IOException;
import org.apache.hadoop.conf.Configuration;
import org.apache.hadoop.hbase.HBaseConfiguration;
import org.apache.hadoop.hbase.MasterNotRunningException;
import org.apache.hadoop.hbase.client.HBaseAdmin;
public class enable_student_table {
    public static void main(String args[]) throws
MasterNotRunningException, IOException{
        Configuration con = new Configuration();
        con.set("hbase.zookeeper.quorum", "slave0,slave1,slave2");
        //实例化 HBaseAdmin 类
        HBaseAdmin admin = new HBaseAdmin(con);
        //验证表是否被禁用
        Boolean bool = admin.isTableEnabled("student");
        System.out.println(bool);
        //使用 HBaseAdmin 对象禁用表
        if(!bool){
            admin.enableTable("student");
            System.out.println("studentTable Enabled");
        }
    }
}
```

编译和执行上述程序，代码如下：

```
$javac enable_student_table.java
$java enable_student_table
```

输出结果如下：

```
false
studentTable Enabled
```

使用HBase Shell中enable查看student表，代码如下：

```
hbase(main):006:0> enable 'student'
0 row(s) in 0.3880 seconds
```

启用表之后，再次进行扫描。如果能看到以下内容，则证明表已成功启用。

```
hbase(main):002:0> scan 'student'
ROW     COLUMN+CELL
row1    column=NA:name, timestamp=1561604696359, value=lisi
row1    column=XH:xuehao, timestamp=1561604696359, value=2018102
1 row(s) in 0.1800 seconds
```

5. HBase表描述和修改

（1）使用Java API添加一列族

使用HBaseAdmin类的addColumn()方法添加一列族的表。按照下面给出的步骤将一个列族添加到表中。

① 实例化HBaseAdmin类：

```
//实例化配置对象
Configuration con = new Configuration();
con.set("hbase.zookeeper.quorum", "slave0,slave1,slave2");
//实例化 HBaseAdmin 类
HBaseAdmin admin = new HBaseAdmin(con);
```

② addColumn()方法需要一个表名和一个HColumnDescriptorclass对象，因此需要实例化HColumnDescriptor类。HColumnDescriptor依次构造函数需要一个列族名称用于添加。在这里加入了sex和age到student表的列族。

```
//实例化列描述符对象
HColumnDescriptor columnDescriptor1 = new HColumnDescriptor("sex");
HColumnDescriptor columnDescriptor2 = new HColumnDescriptor("age");
```

③ 使用addColumn方法添加列族：

```
//添加列族
admin.addColumn("student",new HColumnDescriptor("sex"));
admin.addColumn("student",new HColumnDescriptor("age"));
```

如下代码给出的是一个完整的程序，用于添加一个列族到现有的表。

```
import java.io.IOException;
import org.apache.hadoop.conf.Configuration;
import org.apache.hadoop.hbase.HBaseConfiguration;
import org.apache.hadoop.hbase.HColumnDescriptor;
import org.apache.hadoop.hbase.MasterNotRunningException;
import org.apache.hadoop.hbase.client.HBaseAdmin;
public class addColomn_student_table {
    public static void main(String args[]) throws MasterNotRunningException,
IOException{
        Configuration con = new Configuration();
        con.set("hbase.zookeeper.quorum", "slave0,slave1,slave2");
        //实例化 HBaseAdmin 类
        HBaseAdmin admin = new HBaseAdmin(con);
        //实例化描述符类
        HColumnDescriptor columnDescriptor1 = new HColumnDescriptor("sex");
        HColumnDescriptor columnDescriptor2 = new HColumnDescriptor("age");
        // 添加列族
        admin.addColumn("student", columnDescriptor1);
        admin.addColumn("student", columnDescriptor2);
        System.out.println("studentcoloumn added");
    }
```

```
}
```

编译和执行上述程序，代码如下：

```
$javac addColomn_student_table.java
$java addColomn_student_table
```

如果一切顺利，会生成以下的输出结果：

```
studentcoloumn added
```

接下来通过HBase Shell中describe查看添加的列族：

```
hbase(main):007:0> describe 'student'
Table student is ENABLED
student
COLUMN FAMILIES DESCRIPTION
{NAME => 'NA', DATA_BLOCK_ENCODING => 'NONE', BLOOMFILTER => 'ROW',
REPLICATION_SCOPE =
> '0', COMPRESSION => 'NONE', VERSIONS => '1', MIN_VERSIONS => '0', TTL
=> 'FOREVER', K
EEP_DELETED_CELLS => 'FALSE', BLOCKSIZE => '65536', IN_MEMORY => 'false',
BLOCKCACHE =>
 'true'}
{NAME => 'XH', DATA_BLOCK_ENCODING => 'NONE', BLOOMFILTER => 'ROW',
REPLICATION_SCOPE =
> '0', COMPRESSION => 'NONE', VERSIONS => '1', MIN_VERSIONS => '0', TTL
=> 'FOREVER', K
EEP_DELETED_CELLS => 'FALSE', BLOCKSIZE => '65536', IN_MEMORY => 'false',
BLOCKCACHE =>
 'true'}
{NAME => 'age', DATA_BLOCK_ENCODING => 'NONE', BLOOMFILTER => 'ROW',
REPLICATION_SCOPE
=> '0', VERSIONS => '1', COMPRESSION => 'NONE', TTL => 'FOREVER', MIN_
VERSIONS => '0',
KEEP_DELETED_CELLS => 'FALSE', BLOCKSIZE => '65536', IN_MEMORY =>
'false', BLOCKCACHE =
> 'true'}
{NAME => 'sex', DATA_BLOCK_ENCODING => 'NONE', BLOOMFILTER => 'ROW',
REPLICATION_SCOPE
=> '0', VERSIONS => '1', COMPRESSION => 'NONE', TTL => 'FOREVER', MIN_
VERSIONS => '0',
KEEP_DELETED_CELLS => 'FALSE', BLOCKSIZE => '65536', IN_MEMORY =>
'false', BLOCKCACHE =
> 'true'}
4 row(s) in 0.1450 seconds
```

（2）使用Java API删除列族

使用HBaseAdmin类的deleteColumn()方法删除列族。按照下面给出的步骤添加一个列族到表中。

① 实例化HBaseAdmin类：

```
// 实例化配置对象
Configuration con = new Configuration();
con.set("hbase.zookeeper.quorum", "slave0,slave1,slave2");
// 实例化 HBaseAdmin 类
HBaseAdmin admin = new HBaseAdmin(con);
```

② 使用deleteColumn()方法删除列族。传递表名和列族名作为这个方法的参数。

```
// 删除列族
admin.deleteColumn("student", "sex");
```

如下代码给出的是从现有表中删除列族的完整程序。

```
import java.io.IOException;
import org.apache.hadoop.conf.Configuration;
import org.apache.hadoop.hbase.HBaseConfiguration;
import org.apache.hadoop.hbase.MasterNotRunningException;
import org.apache.hadoop.hbase.client.HBaseAdmin;
public class deleteColoumn_student_table {
    public static void main(String args[]) throws
MasterNotRunningException, IOException{
        Configuration con = new Configuration();
        con.set("hbase.zookeeper.quorum", "slave0,slave1,slave2");
        // 实例化 HBaseAdmin 类
        HBaseAdmin admin = new HBaseAdmin(con);
        // 删除列族
        admin.deleteColumn("student","sex");
        System.out.println("studentcoloumn deleted");
    }
}
```

编译和执行上述程序，代码如下：

```
$javac deleteColoumn_student_table.java
$java deleteColoumn_student_table
```

输出结果如下：

```
studentcoloumn deleted
```

接下来使用HBase Shell中describe查看student表中剩余列族：

```
hbase(main):008:0> describe 'student'
Table student is ENABLED
student
COLUMN FAMILIES DESCRIPTION
{NAME => 'NA', DATA_BLOCK_ENCODING => 'NONE', BLOOMFILTER => 'ROW',
REPLICATION_SCOPE =
> '0', COMPRESSION => 'NONE', VERSIONS => '1', MIN_VERSIONS => '0', TTL =>
'FOREVER', K
EEP_DELETED_CELLS => 'FALSE', BLOCKSIZE => '65536', IN_MEMORY => 'false',
BLOCKCACHE =>
```

```
'true'}
{NAME => 'XH', DATA_BLOCK_ENCODING => 'NONE', BLOOMFILTER => 'ROW',
REPLICATION_SCOPE =
> '0', COMPRESSION => 'NONE', VERSIONS => '1', MIN_VERSIONS => '0', TTL
=> 'FOREVER', K
EEP_DELETED_CELLS => 'FALSE', BLOCKSIZE => '65536', IN_MEMORY => 'false',
BLOCKCACHE =>
'true'}
{NAME => 'age', DATA_BLOCK_ENCODING => 'NONE', BLOOMFILTER => 'ROW',
REPLICATION_SCOPE
=> '0', VERSIONS => '1', COMPRESSION => 'NONE', TTL => 'FOREVER', MIN_
VERSIONS => '0',
KEEP_DELETED_CELLS => 'FALSE', BLOCKSIZE => '65536', IN_MEMORY =>
'false', BLOCKCACHE =
> 'true'}
3 row(s) in 0.0410 seconds
```

6. HBase 验证存在

① 使用Java API验证表的存在，可以使用HBaseAdmin类的tableExists()方法验证表在HBase中是否存在。按照下面给出的步骤验证HBase表存在。

```
Instantiate the HBaseAdimn class
//实例化配置对象
Configuration con = new Configuration();
con.set("hbase.zookeeper.quorum", "slave0,slave1,slave2");
//实例化 HBaseAdmin 类
HBaseAdmin admin = new HBaseAdmin(con);
```

② 使用tableExists()方法验证表的存在。

下列代码给出的是使用Java程序中的Java API测试一个HBase表的存在。

```
import java.io.IOException;
import org.apache.hadoop.hbase.HBaseConfiguration;
import org.apache.hadoop.conf.Configuration;
import org.apache.hadoop.hbase.client.HBaseAdmin;
public class exists_student_table {
    public static void main(String args[])throws IOException{
        Configuration con = new Configuration();
        con.set("hbase.zookeeper.quorum", "slave0,slave1,slave2");
        //实例化 HBaseAdmin 类
        HBaseAdmin admin = new HBaseAdmin(con);
        //验证表的存在性
        boolean bool = admin.tableExists("student");
        System.out.println( bool);
    }
}
```

编译和执行上述程序，代码如下：

```
$javac exists_student_table.java
$java exists_student_table
```

输出结果如下：

```
true
```

使用HBase Shell中exists判断student表是否存在：

```
hbase(main):009:0> exists 'student'
Table student does exist
0 row(s) in 0.0170 seconds
```

7. HBase删除表

使用Java API删除表。可以使用HBaseAdmin类的deleteTable()方法删除表，具体步骤如下：

① 实例化HBaseAdmin类：

```
//创建配置对象
Configuration con = new Configuration();
con.set("hbase.zookeeper.quorum", "slave0,slave1,slave2");
//创建 HBaseAdmin 对象
HBaseAdmin admin = new HBaseAdmin(con);
```

② 使用HBaseAdmin类的disableTable()方法禁用表：

```
admin.disableTable("student");
```

③ 使用HBaseAdmin类的deleteTable()方法删除表：

```
admin.deleteTable("student");
```

下面给出的是完整的Java程序，用于删除HBase表。

```
import java.io.IOException;
import org.apache.hadoop.hbase.HBaseConfiguration;
import org.apache.hadoop.conf.Configuration;
import org.apache.hadoop.hbase.client.HBaseAdmin;
public class delete_student_table {
    public static void main(String[] args) throws IOException {
        Configuration con = new Configuration();
        con.set("hbase.zookeeper.quorum", "slave0,slave1,slave2");
        //实例化 HBaseAdmin 类
        HBaseAdmin admin = new HBaseAdmin(con);
        //禁用名为student的表
        admin.disableTable("student");
        //删除学生表
        admin.deleteTable("student");
        System.out.println("studentTable deleted");
    }
}
```

编译和执行上述程序，代码如下：

```
$javac delete_student_table.java
$java delete_student_table
```

输出结果如下：

```
studentTable deleted
```

使用HBase Shell中的exists判断student表是否存在：

```
hbase(main):010:0> exists 'student'
Table student does not exist
0 row(s) in 0.0590 seconds
```

任务 4.3　综合案例实训

任务目标

HBase采用Java实现，原生客户端也用Java实现，其他语言需要通过Thritf接口服务，间接访问HBase的数据。

HBase作为大数据存储数据库，其写能力非常强，加上HBase本身就脱胎于Hadoop，所以和Hadoop的兼容性极好，非常适合于存储半规则数据（灵活、可扩展性强、大数据存储）。基于Hadoop的MapReduce 和Hbase存储，非常适合处理大数据。

知识学习

掌握HBaseAdmin API操作表的相关方法，内容详见任务4.2。

任务实施

该案例是HBaseAdmin API的综合型案例，首先创建Student表，然后判断Student表是否存在。如果存在列出表，否则抛出异常，最后删除Student表。

HBase AdminAPI综合实训

使用HBase将Admin操作的API封装在HBaseAdmin中，封装了HBase常用操作的API，通过HBaseAdmin API进行表的创建，测试表的实例，代码如下：

```
import com.google.common.base.Preconditions;
import com.google.common.base.Strings;
import com.google.common.collect.Lists;
import org.apache.hadoop.conf.Configuration;
import org.apache.hadoop.hbase.HBaseConfiguration;
import org.apache.hadoop.hbase.HColumnDescriptor;
import org.apache.hadoop.hbase.HTableDescriptor;
import org.apache.hadoop.hbase.TableName;
import org.apache.hadoop.hbase.client.HBaseAdmin;
import org.junit.Test;
import org.slf4j.Logger;
import org.slf4j.LoggerFactory;
```

```
    import java.io.IOException;
    import java.util.Iterator;
    import java.util.List;
    public class CreateHBaseTable {
        private static Logger logger = LoggerFactory.getLogger(CreateHBaseTable.
class);
        /* 创建表单 */
        public void createTable(HBaseAdmin admin, String tableName,
List<String> columnNames) throws IOException {
            Preconditions.checkArgument(!Strings.isNullOrEmpty(tableName),
"table name is not allowed null or empty !");
            Preconditions.checkArgument((null != columnNames && columnNames.
size() > 0), "colume is not allowed empty !");
            if (null == admin) {
            throw new IllegalStateException("admin is empty !");
            }
          HTableDescriptor hTableDescriptor = new HTableDescriptor(TableName.
valueOf(tableName));
          for (String colName : columnNames) {
              hTableDescriptor.addFamily(new HColumnDescriptor(colName));
          }
          admin.createTable(hTableDescriptor);
        }
        @Test
        public void _createMain() throws IOException {
            Configuration conf = new Configuration();
            conf.set("hbase.zookeeper.quorum", "slave0,slave1,slave2");
            HBaseAdmin admin = new HBaseAdmin(conf);
            List list = Lists.newArrayList();
            list.add("Student_col");
            list.add("Student_col1");
            list.add("Student_col2");
            list.add("Student_col3");
            this.createTable(admin, "Student", list);
        }
        /* 查询所有表单 */
        public List<String> scanTables(HBaseAdmin admin) {
            HTableDescriptor[] hTableDescriptors = new HTableDescriptor[0];
            if (null == admin) {
                 throw new IllegalStateException("admin is empty !");
            }
            try {
                hTableDescriptors = admin.listTables();
            } catch (IOException e) {
                logger.error("获取表单异常", e);
            }
            List<String> tmpList = Lists.newArrayList();
```

```
        for (HTableDescriptor hTableDescriptor : hTableDescriptors) {
tmpList.add(String.valueOf(hTableDescriptor.getNameAsString()));
        }
        return tmpList;
    }
    @Test
    public void _scanTables() throws IOException {
        //Configuration conf = HBaseConfiguration.create();
        Configuration conf = new Configuration();
        conf.set("hbase.zookeeper.quorum", "slave0,slave1,slave2");
        HBaseAdmin admin = new HBaseAdmin(conf);
        List<String> tableNames = this.scanTables(admin);
        Iterator iterator = tableNames.iterator();
        while (iterator.hasNext()) {
            // 日志被收集了，使用下面方式输出
            //logger.info(String.valueOf(iterator.next()));
            System.out.println(String.valueOf(iterator.next()));
        }
    }
}
```

运行CreateHBaseTable.java，得到如下结果：

```
Student
stat
word
```

单元小结

本单元介绍了HBaseAdmin类的使用方法。详细介绍了HBase的表API操作的基本方法，针对HBaseAdminAPI具体操作给出了具体案例。通过本单元的学习，可使学生对HBaseAdmin API的相关操作有一定了解。

课后练习

一、选择题

1. 在HBase中，Descriptor类构造函数HTableDescriptor(TableName name)是（　　）。

A. 构造一个表描述符指定TableName对象

B. 创建一个新的表

C. 创建一个新表使用一组初始指定的分割键限定空区域

D. 从表中删除列

2. 在Java API操作HBase时通过HTableDescriptor的（　　）方法增加family。

A. createTable()　　　　B. addFamily()

C. HTableDescriptor()　　　　D. getScanner()

3. 在HBaseAdmin API操作中（　　）不是Scan特有的方法。

A. setStartRow()　　B. setStopRow()　　C. setBatch()　　D. setTimeStamp()

二、填空题

1. 在HBase Admin API操作中，数据单条查询是通过rowkey在table中查询某一行的数据。HTable提供了________方法来完成单条查询。

2. 使用HBase Java API创建一个表，可以使用HBaseAdmin类的________方法创建。

3. 在类HBaseAdmin中有一个________方法列出HBase中所有的表的列表。

单元 5 HBase 与 MapReduce

在实际工作中，人们对 HBase 的操作大多数都是与 MapReduce 共同进行业务操作。HBase 最大的特点之一就是可以紧密地与 Hadoop 的 MapReduce 框架集成。HBase 中没有提供更好的二级索引的方式，所以在操作数据过程中，如果使用 scan 进行全表扫描，会极大地降低 HBase 的效率。

通常人们所看到的关于 HBase 的一切，关注点都是在线操作。人们期望每个 Get 和 Put 能在毫秒级时间返回结果，使用 scan 命令，在网上传输尽可能少的数据，以便它们可以尽快完成。但并不是所有的计算都要求在线执行，对于一些应用，离线操作可能更好一点。用户可能不关心网站流量月报表需要 3 个小时还是 4 个小时来完成，只要在业务负责人需要它们之前完成就行。离线操作也有性能方面的考虑，这些考虑往往集中在整个聚合计算任务上，而不是集中在单个请求的延迟上。MapReduce 就是这样一种计算范型，它用一种高效的方式离线处理大量数据。

本单元通过 MapReduce 的介绍，希望学生能够理解 MapReduce 的相关知识，掌握用 HBase 编写 MapReduce 的技能。

学习目标

视频

HBase与MapReduce

【知识目标】

- 学习 MapReduce 的概念。
- 学习用 HBase 编写 MapReduce。
- 学习 HBase 相关类。

【能力目标】

- 能够在 HBase 上使用 MapReduce 以及其常见类。
- 能够理解 MapReduce 的内部机制。
- 能够在 HBase 上编写自己的 MapReduce 示例。

任务 5.1 探究使用 MapReduce 的原因

任务目标

① 掌握 MapReduce 的原理。

② 掌握MapReduce的处理过程。

知识学习

用MapReduce的原因有两点：

① 统计的需要。因为HBase的数据都是分布式存储在RegionServer上的，所以对于类似传统关系型数据库的group by操作，扫描器是无能为力的。只有当所有结果都返回到客户端时，才能进行统计。这样做一是慢，二是会产生很大的网络开销，所以使用MapReduce在服务器端就进行统计是比较好的方案。

② 性能的需要。如果遇到较复杂的场景，在扫描器上添加多个过滤器后，扫描的性能很低；或者当数据量很大时扫描器也会执行得很慢，原因是扫描器和过滤器内部实现的机制很复杂，虽然使用者调用简单，但是服务器端的性能不能得到保证。

1. Apache MapReduce概述

Apache MapReduce是一个软件框架，用于分析大量的数据，并与最常使用的框架Apache Hadoop一起使用。本任务将讨论在HBase中对数据使用MapReduce需要采取的具体配置步骤。此外，还讨论了HBase和MapReduce作业之间的其他交互问题。

HBase中有两个MapReduce包：org.apache.hadoop.hbase.mapred和org.apache.hadoop.hbase.mapreduce。前者采用旧式API，后者采用新风格，有更多的功能。选择包与MapReduce部署是一致的。如果刚开始使用，建议选择org.apache.hadoop.hbase.mapreduce。

MapReduce：分布式并行离线计算框架，是一个分布式运算程序的编程框架，是用户开发“基于Hadoop的数据分析应用”的核心框架。MapReduce的核心功能是将用户编写的业务逻辑代码和自带默认组件整合成一个完整的分布式运算程序，并发运行在一个Hadoop集群上：

① 与HDFS解决问题的原理类似，HDFS是将大的文件切分成若干小文件，然后将它们分别存储到集群的各个主机中。

② 同样原理，MapReduce是将一个复杂的运算切分成若干个子运算，然后将它们分别交给集群中各个主机，由各个主机并行运算。

通过上面的MapReduce介绍可以找出几个关键点：一是软件框架；二是并行处理；三是可靠且容错；四是大规模集群；五是海量数据集。

2. MapReduce核心思想：分久必合

MapReduce核心思想：相同的key为一组，调用一次Reduce方法，方法内迭代这一组数据进行计算。

另外，MapReduce还有以下特点：

① 它是一种分布式计算模型。

② MapReduce将这个并行计算过程抽象到两个函数。

③ Map（映射）：对一些独立元素组成的列表的每一个元素进行指定的操作，可以高度并行。

④ Reduce（化简、归约）：对一个列表的元素进行合并。

⑤ 一个简单的MapReduce程序只需要指定map()、reduce()、input和output操作，剩下的事由框架完成。

任务实施

默认情况下，部署到MapReduce集群的MapReduce作业无权访问$ HBASE_CONF_DIR下的HBase配置或HBase类。

要为MapReduce作业提供它们所需的访问权限，可以将hbase-site.xml添加到$HADOOP_HOME/conf，再将HBase jar添加到$HADOOP_HOME/lib目录中，然后需要在集群中复制这些更改。或者用户可以编辑$HADOOP_HOME/conf/hadoopenv.sh，并将它们添加到HADOOP_CLASSPATH变量中。但是，不建议使用此方法，因为它会使用HBase引用，破坏用户的Hadoop安装。它还要求用户在Hadoop可以使用HBase数据之前重新启动Hadoop集群。

推荐的方法是让HBase自己添加依赖jar，并使用HADOOP_CLASSPATH或-libjars。

1. 使用HBase作为数据源

Map阶段：

```
Protected void map(ImmutableBytesWritable rowkey,Result result,Context
context){ };
```

从HBase表中读取的作业以[rowkey:scan result]格式接收[k1,v1]键值对，对应的类型是ImmutableBytesWritable和Result。

创建实例扫描表中所有的行，代码如下：

```
Scan scan = new Scan();
scan.addColumn(…);
```

接下来在MapReduce中使用Scan实例。

```
TableMapReduceUtil.initTableMapperJob(tablename,scan,map.class,
输出键的类型 .class,输出值的类型 .class,job);
```

2. 使用HBase接收数据

Reduce阶段：

```
protected void reduce(ImmutableBytesWritable rowkey,Iterable<put>values,
Context context){ };
```

把Reducer填入到作业配置中，代码如下：

```
TableMapReduceUtil.initTableReducerJob(tablename,reduce.class,job);
```

具体代码实现详见任务5.3。

任务5.2 MapReduce快速入门

任务目标

海量数据在单机上处理是因为硬件资源限制，无法胜任，而一旦将单机版程序扩展到集群来分布式运行，将极大增加程序的复杂度和开发难度。当引入MapReduce框架后，开发人员可以将绝大部分工作集中在业务逻辑的开发上，而将分布式计算中的复杂性交由框架来处理。通过本任务的学习，可使学生掌握以下内容：

① 使用Hadoop加载HBase的jar包。

② 学习TableMapper、TableReducer抽象类和TabMapReduceUtil工具类。

③ 学习使用MapReduce在HBase中的具体应用。

知识学习

1. Hadoop加载HBase的jar包

最简单的就是把HBase的jar包复制到Hadoop的lib中，或者把HBase的包地址写到Hadoop的环境变量中，但是这些都不是很好的办法。最好的方式是在每次运行MapReduce时，动态地设置本次任务的环境变量。不过HBase需要的jar包很多，每次都要手动输入很麻烦，所以HBase很贴心地提供了传递参数：classpath。

在配置环境变量时，首先要登录到服务器上，然后确保当前的用户下有HADOOP_HOME和HBASE_HOME这两个环境变量。

本书采用的方式是登录到Hadoop用户下，并把HBASE_HOME这个环境变量添加到Hadoop用户中的~/.bashrc中。用vim编辑器打开~/.bashrc文件，并添加HBASE_HOME环境变量：

```
export HBase_HOME=/usr/local/hbase
```

保存后使用source命令让其加载新的环境变量：

```
$ source ~/.bashrc
```

由于hbase-server-1.3.3<版本号>.jar中自带了一个MapReduce Job——RowCounter，所以用户不需要编写新的MapReduce例子。RowCounter做的事情很简单，就是统计当前表有多少行。当用户调用hbase-server-1.3.3<版本号>.jar，并使用rowcounter为第一个参数时，就会使用这个MapReduce Job，第二个参数就是用户想要统计的目标表。这条命令的格式为：

```
$ HADOOP_CLASSPATH='${HBASE_HOME}/bin/hbase classpath'
    ${HADOOP_HOME}/bin/Hadoop jar ${HBASE_HOME}/lib/hbase-server-<版本号>.jar
rowcounter <目标表>
```

本书所使用的HBase版本为1.3.3，要统计的表名为student，所以在这个例子中使用的命令为：

```
$ HADOOP_CLASSPATH='${HBASE_HOME}/bin/hbase classpath'
```

```
${HADOOP_HOME}/bin/Hadoop jar ${HBASE_HOME}/lib/hbase-server-1.3.3.jar
rowcounter student
```

2. TableMapper类

TableMapper抽象类继承了Hadoop的Mapper类，如果用户打开这个类的代码会惊奇地发现，这个类其实除了定义出这个类以外，其他什么都没做。

它所做的事情就是标定出这个Mapper是为HBase专门定义的Mapper类，这样做有什么意义呢？其实完全可以把TableMapper看作是一个接口，它只是在Mapper的基础上把泛型定义为以下4种而已：

① ImmutableBytesWritable：定义map()方法的第一个参数类型，即rowkey。

② Result：定义map()方法的第二个参数类型，即当前行的result。

③ KEYOUT：定义Context.write()方法的第一个参数类型，即输出的key。

④ VALUEOUT：定义Context.write()方法的第二个参数类型，即输出的value。

这样用户就可以在map()方法中得到ImmutableBytesWritable类型的rowkey和Result类型的Result对象，并且可以获取到这行数据。如果用户的Map输入阶段并不需要从HBase获取数据，比如，用户只是从一个文本文件获取数据，或者从关系型数据库获取数据，可以直接使用Hadoop的抽象类Mapper来获取所需的数据。

3. TableReducer类

TableReducer继承自Hadoop的抽象类Reducer。所以，TableReducer也只是一个定义泛型的抽象类而已，有如下4种类型：

① KEYIN：定义Reduce方法的第一个参数类型，即Mapper中定义的输出key类型。

② VALUEIN：定义Reduce方法的第二个参数类型，即Mapper中定义的输出value类型

③ KEYOUT：定义Context.write()方法的第一个参数。

④ Mutation：定义Context.write()方法的第二个参数，该类型可以是任意一个Mutation的子类，比如Put、Delete、Append等，这个参数传入的Mutation类后，会被自动执行。

如果用户的输出不是HBase中的表，比如，要输出一个文本文件，或者输出到传统关系型数据库，请直接继承Reducer抽象类。

4. TabMapReduceUtil类

这个类是HBase提供的工具类，方便用户把之前定义的所有东西设置进Job任务类。它提供了很多实用的方法，最重要的就是以下两个方法：

① initTableMapperJob()：该方法可以为Job设置需要扫描的表名、扫描器、TableMapper类、Map输出key类型、Map输出value类型等参数。具体参数参见官方API文档。

② initTableReducerJob()：该方法可以为Job设置需要输出的表名、TableReducer类等参数。具体参数参见官方API文档。

任务实施

HBase MapReduce相关类使用案例分析

该案例是通过HBase MapReduce中TableReducer等类的使用，通过创建word、stat表，插入数据；通过MyMapper继承TableMapper<Text,IntWritable>，其中Text输出的是key类型，IntWritable输出的是value类型。

完整代码如下：

```
package demo;
import org.apache.hadoop.conf.Configuration;
import org.apache.hadoop.hbase.HBaseConfiguration;
import org.apache.hadoop.hbase.HColumnDescriptor;
import org.apache.hadoop.hbase.HTableDescriptor;
import org.apache.hadoop.hbase.client.*;
import org.apache.hadoop.hbase.io.ImmutableBytesWritable;
import org.apache.hadoop.hbase.mapreduce.TableMapReduceUtil;
import org.apache.hadoop.hbase.mapreduce.TableMapper;
import org.apache.hadoop.hbase.mapreduce.TableReducer;
import org.apache.hadoop.hbase.util.Bytes;
import org.apache.hadoop.io.IntWritable;
import org.apache.hadoop.io.Text;
import org.apache.hadoop.mapreduce.Job;
import java.io.IOException;
import java.util.ArrayList;
import java.util.List;
public class mapreduce_duqu {
    static Configuration con = null;
    static {
        con = HBaseConfiguration.create();
        con.set("hbase.zookeeper.quorum", "slave0,slave1,slave2");
    }
    public static final String tableName = "word";
    public static final String colf = "content";
    public static final String col = "info";
    public static final String tableName2 = "stat";
    public static void initTB() {
        HTable table = null;
        HBaseAdmin admin = null;
        try {
            admin = new HBaseAdmin(con);
            if (admin.tableExists(tableName) || admin.tableExists(tableName2)) {
                System.out.println("table has existed!!");
                admin.disableTable(tableName);
                admin.deleteTable(tableName);
                admin.disableTable(tableName2);
                admin.deleteTable(tableName2);
```

```
            }
            /*
             * 创建表
             * */
            HTableDescriptor desc = new HTableDescriptor(tableName);
            HColumnDescriptor family = new HColumnDescriptor(colf);
            desc.addFamily(family);
            admin.createTable(desc);
            HTableDescriptor desc2 = new HTableDescriptor(tableName2);
            HColumnDescriptor family2 = new HColumnDescriptor(colf);
            desc2.addFamily(family2);
            admin.createTable(desc2);
            /*
             * 插入数据
             * */
            table = new HTable(con, tableName);
            table.setAutoFlush(false);
            table.setWriteBufferSize(500);
            List<Put> lp = new ArrayList<>();
            Put p1 = new Put(Bytes.toBytes("1"));
            p1.add(colf.getBytes(), col.getBytes(),     ("The Apache
Hadoop software library is a framework").getBytes());
            lp.add(p1);
           Put p2 = new Put(Bytes.toBytes("2"));p2.add(colf.getBytes(),col.
getBytes(),("The common utilities that support the other Hadoop modules").
getBytes());
            lp.add(p2);
            Put p3 = new Put(Bytes.toBytes("3"));
            p3.add(colf.getBytes(), col.getBytes(),("Hadoop by reading
the documentation").getBytes());
            lp.add(p3);
            Put p4 = new Put(Bytes.toBytes("4"));
            p4.add(colf.getBytes(), col.getBytes(),("Hadoop from the
release page").getBytes());
            lp.add(p4);
            Put p5 = new Put(Bytes.toBytes("5"));
            p5.add(colf.getBytes(), col.getBytes(),("Hadoop on the
mailing list").getBytes());
            lp.add(p5);
            table.put(lp);
            table.flushCommits();
            lp.clear();
        } catch (IOException e) {
            e.printStackTrace();
        }finally {
            if(table!=null){
                try {
```

```
                table.close();
            } catch (IOException e) {
                e.printStackTrace();
            }
        }
    }
}
/**
 * MyMapper 继承 TableMapper
 * TableMapper<Text,IntWritable>
 * Text:输出的 key 类型
 * IntWritable: 输出的 value 类型
 */
public static class MyMapper extends TableMapper<Text, IntWritable> {
    private static IntWritable one = new IntWritable(1);
    private static Text word = new Text();
    @Override
    //输入的类型为: key: rowKey;  value: 一行数据的结果集 Result
    protected void map(ImmutableBytesWritable key, Result value,
  Context context) throws IOException, InterruptedException {
        //获取一行数据中的 colf: col
        String words = Bytes.toString(value.getValue(Bytes.toBytes(colf),
Bytes.toBytes(col)));
        //表里面只有一个列族，所以直接获取每一行的值
        //按空格分割
        String itr[] = words.toString().split(" ");
        //循环输出 word 和 1
        for (int i = 0; i < itr.length; i++) {
            word.set(itr[i]);
            context.write(word, one);
        }
    }
}
/**
 * MyReducer 继承 TableReducer
 * TableReducer<Text,IntWritable>
 * Text:输入的 key 类型
 * IntWritable: 输入的 value 类型
 * ImmutableBytesWritable: 输出类型，表示 rowkey 的类型
 */
public static class MyReducer extends TableReducer<Text, IntWritable,
ImmutableBytesWritable> {
    @Override
    protected void reduce(Text key, Iterable<IntWritable> values,
Context context) throws IOException, InterruptedException {
        //对 mapper 的数据求和
```

```
            int sum = 0;
            for (IntWritable val : values) {    //叠加
                sum += val.get();
            }
            // 创建put，设置rowkey为单词
            Put put = new Put(Bytes.toBytes(key.toString()));
            // 封装数据
            put.add(Bytes.toBytes(colf), Bytes.toBytes(col),Bytes.
toBytes(String.valueOf(sum)));
            //写到hbase，需要指定rowkey、put
            context.write(new ImmutableBytesWritable(Bytes.toBytes(key.
toString())),put);
        }
    }
    public static void main(String[] args) throws IOException,
  ClassNotFoundException, InterruptedException {
        con.set("fs.defaultFS", "hdfs://slave0:9000");// 设置hdfs的默认路径
        //初始化表
        initTB();
        //创建job
        Job job = Job.getInstance(con,"mapreduce_duqu");
        job.setJarByClass(mapreduce_duqu.class);     //主类
        //创建scan
        Scan scan = new Scan();
        //可以指定查询某一列
        scan.addColumn(Bytes.toBytes(colf), Bytes.toBytes(col));
        //创建查询hbase的mapper，设置表名、scan、Mapper类、mapper的输出key、
        //mapper的输出value
        TableMapReduceUtil.initTableMapperJob(tableName, scan, MyMapper.
class,Text.class, IntWritable.class, job);
        //创建写入hbase的reducer，指定表名、Reducer类、job
        TableMapReduceUtil.initTableReducerJob(tableName2, MyReducer.
class, job);
        System.exit(job.waitForCompletion(true) ? 0 : 1);
    }
}
```

可以在HBase环境下使用Shell操作查看上述代码的结果：

```
hbase(main):001:0> list
TABLE
stat
word
2 row(s) in 0.0090 seconds
=> ["stat", "word"]
```

通过Shell操作查看word中的测试数据：

```
hbase(main):002:0> scan 'word'
```

```
ROW      COLUMN+CELL
 1       column=content:info, timestamp=1561554318071, value=The Apache
Hadoop software library is a framework
 2       column=content:info, timestamp=1561554318071, value=The common
utilities that support the other Hadoop modules
 3       column=content:info, timestamp=1561554318104, value=Hadoop by
reading the documentation
 4       column=content:info, timestamp=1561554318104, value=Hadoop from
the release page
 5       column=content:info, timestamp=1561554318104, value=Hadoop on
the mailing list
5 row(s) in 3.4210 seconds
```

需要解释的是TableMapReduceUtil正在做什么，这些可以由程序员在作业和 con中设置，但TableMapReduceUtil试图让事情变得更容易。

任务5.3　编写自己的MapReduce

任务目标

编写Hadoop程序，核心就是Mapper类、Reudcer类和run()方法，很多时候模仿编写就行了，这里就按Hadoop程序基础模板写一个MapReduce程序。

知识学习

一个MapReduce任务有3个组成部分：

① Mapper类。

② Reducer类。

③ 驱动类，主要提供main()方法以供调用。

为了例子尽量简单，这里使用SumStudent为驱动类，并且把Mapper类和Reducer类作为SumStudent的内部类。这样整个MapReduce任务只用一个Java文件就能搞定。接下来介绍具体的步骤。

1. 建立Mapper类

先建立Mapper类，HBase提供了TableMapper抽象类供用户使用，这个抽象类在Hadoop的Mapper类基础上增加了对HBase表的支持。所以，先在SumStudent中建立一个静态内部类MyTableMapper，该类需要继承TableMapper抽象类，并实现map()方法。

```
static class MyTableMapper extends TableMapper<Text,IntWritable>{
    public void maptable(ImmutableBytesWritable row,Result result,Cotext
context)throws IOException,InterruptedException{
    }
}
```

关于这个TableMapper<T,T>声明右边的两个泛型，需要指定map()方法返回的key和value

的类型。

2. Table Mapper的工作原理

当MapReduce任务使用扫描器扫描结果时，每一行记录都会调用一次TableMapper的map()方法。在map()方法中可以获取该行记录的所有内容，处理后把数据存入Context类中。使用的方法如下：

```
Context.write(KEYOUT key,VALUEOUT value)
```

可以把这个Context看成一个map，而这个map的key就是该方法的第一个参数key。这个map的value是一个List（一个值的集合），每次调用这个方法都会往这个key对应的List中添加一条记录。这个Map的过程就类似传统关系型数据库中的group by操作。

任务实施

任务5.2 MapReduce快速入门只是让学生知道一个HBase的MapReduce是怎么运行的、运行起来是什么样子。接下来需要学生自己动手，开始编写一个MapReduce任务。

1. Student表相关操作

（1）准备数据

根据以下信息建表，插入数据。

表名：Student

该表包含以下列，主要有学号、姓名、年龄、性别和分数，存储的都是数字型数据：

info:S_No

info:S_Name

info:S_Age

info:S_Sex

info:Score

学生信息表如表5-1所示。

表5-1　学生信息表

行键	info:S_No	info:S_Name	info:S_Age	info:S_Sex	info:Score
01	2018001	张三	18	男	90
02	2018002	李四	17	男	80
03	2018003	李斯	18	女	70
04	2018004	王五	19	女	80

由于MapReduce是运行在服务器端的，所以需要建立一个在服务端运行的jar。打开Eclipse，建立MapReduce类，取名为SumStudent，具体设置如图5-1所示。

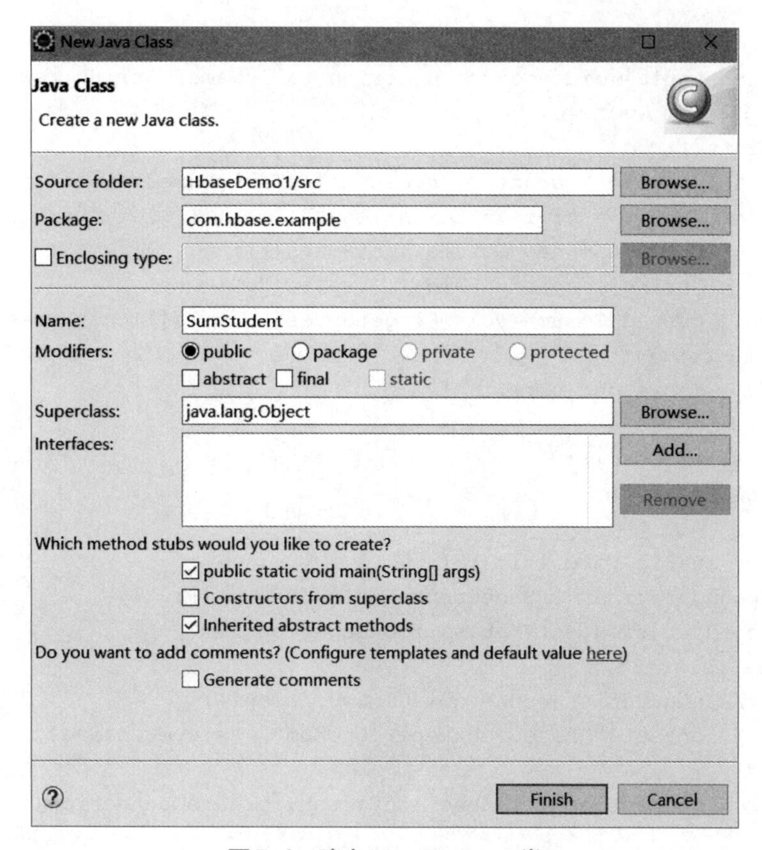

图5-1 建立MapReduce类

（2）转换表并插入数据

以下关系型数据库中的表和数据，要求将其转换为适合于HBase存储的表并插入数据，具体数据如表5-2所示。

表 5-2 学生表（Student）

学号（S_No）	姓名（S_Name）	性别（S_Sex）	年龄（S_Age）	分数（Score）
2018001	Zhangsan	male	23	90
2018003	Mary	female	22	80
2018003	Lisi	male	24	80

具体代码如下：

```
import org.apache.hadoop.conf.Configuration;
import org.apache.hadoop.hbase.HBaseConfiguration;
import org.apache.hadoop.hbase.TableName;
import org.apache.hadoop.hbase.client.*;
import java.io.IOException;
public class AddRecord {
    public static Configuration configuration;
    public static Connection connection;
```

```
    public static Admin admin;
    public static void addRecord(String tableName, String row, String[]
fields, String[] values) throws IOException {
        init();
        Table table = connection.getTable(TableName.valueOf(tableName));
        for (int i = 0; i != fields.length; i++) {
            Put put = new Put(row.getBytes());
            String[] cols = fields[i].split(":");
            put.addColumn(cols[0].getBytes(), cols[1].getBytes(),
values[i].getBytes());
            table.put(put);
        }
        table.close();
        close();
    }
    public static void init() {
        configuration = HBaseConfiguration.create();
        configuration.set("hbase.zookeeper.quorum",
"slave0,slave1,slave2");
        //Configuration con = new Configuration();
         //con.set("hbase.zookeeper.quorum", "slave0,slave1,slave2");
        try {
            connection = ConnectionFactory.createConnection(configurati-
on);
            admin = connection.getAdmin();
        } catch (IOException e) {
            e.printStackTrace();
        }
    }
    public static void close() {
        try {
            if (admin != null) {
                admin.close();
            }
            if (null != connection) {
                connection.close();
            }
        } catch (IOException e) {
            e.printStackTrace();
        }
    }
    public static void main(String[] args) {
        String[] fields = {"XH: S_No ", "NA:S_Name"};
        String[] values = {"2018106", "LN"};
        try {
            addRecord("student", "XH", fields, values);
        } catch (IOException e) {
```

```
            e.printStackTrace();
        }
        System.out.println("studentadd");
    }
}
```

（3）用Hadoop提供的HBase Shell命令完成相同任务

① 列出HBase所有表的相关信息，命令如下：

```
list
```

② 在终端打印出学生表的所有记录数据，命令如下：

```
scan 'Student'
```

③ 向学生表添加课程列族，命令如下：

```
alter 'Student',NAME=>'course'
```

④ 向课程列族添加数学列并登记成绩为85，命令如下：

```
put 'Student','3','course:Math','85'
```

⑤ 删除年龄列，命令如下：

```
alter 'Student' , NAME='age', METHOD='delete'
```

⑥ 统计表的行数，命令如下：

```
count 'Student'
```

⑦ 清空指定的表的所有记录数据，命令如下：

```
truncate 'Student'
```

2. 自定义HBase-Mapreduce

（1）迁移数据

将HBase中student表中的一部分数据通过Mapreduce迁移到student_mr表中构建ReadysMapreduce类，用于读取student表中的数据，代码如下：

```
import java.io.IOException;
import org.apache.hadoop.hbase.Cell;
import org.apache.hadoop.hbase.CellUtil;
import org.apache.hadoop.hbase.client.Put;
import org.apache.hadoop.hbase.client.Result;
import org.apache.hadoop.hbase.io.ImmutableBytesWritable;
import org.apache.hadoop.hbase.mapreduce.TableMapper;
import org.apache.hadoop.hbase.util.Bytes;
import org.apache.hadoop.mapreduce.Mapper;
public class ReadysMapreduce extends
TableMapper<ImmutableBytesWritable,Put>{
protected void map(ImmutableBytesWritable key, Result value,
    Mapper<ImmutableBytesWritable, Result, ImmutableBytesWritable, Put>.
Context context)
    throws IOException, InterruptedException {
```

```
        //将 student 的 name 和 xuehao 提取出来，相当于将每一行数据读取出来放入到
Put 对象中
        Put put = new Put(key.get());
        //遍历添加 column 行
        for(Cell cell: value.rawCells()){
            //添加/克隆列族:info
            if("info".equals(Bytes.toString(CellUtil.cloneFamily(cell)))){
            //添加/克隆列: name
            if("name".equals(Bytes.toString(CellUtil.cloneQualifier(cell)))){
            //将该列 cell 加入到 Put 对象中
                    put.add(cell);
            //添加/克隆列:color
            }else
            if("xuehao".equals(Bytes.toString(CellUtil.cloneQualifier(cell)))){
            //向该列 cell 加入到 Put 对象中
                put.add(cell);
            }
            }
        }
        //将从 student 读取到的每行数据写入到 context 中作为 map 的输出
        context.write(key, put);
    }
    }
```

（2）构建WriteysReduce类

用于将读取到的student表中的数据写入到student_mr表中，代码如下：

```
    import java.io.IOException;
    import org.apache.hadoop.hbase.client.Mutation;
    import org.apache.hadoop.hbase.client.Put;
    import org.apache.hadoop.hbase.io.ImmutableBytesWritable;
    import org.apache.hadoop.hbase.mapreduce.TableReducer;
    import org.apache.hadoop.io.NullWritable;
    import org.apache.hadoop.mapreduce.Reducer;
    public class WriteysReduce extends TableReducer<ImmutableBytesWritable,
Put, NullWritable>{
        protected void reduce(ImmutableBytesWritable key, Iterable<Put>
values,
            Context context)
            throws IOException, InterruptedException {
            //读出来的每一行数据写入到 student_mr 表中
            for(Put put: values){
              context.write(NullWritable.get(), put);
            }
          }
        }
```

（3）构建JobysMapreduce类

用于创建Job任务，代码如下：

```
import java.io.IOException;
import org.apache.hadoop.conf.Configuration;
import org.apache.hadoop.conf.Configured;
import org.apache.hadoop.hbase.HBaseConfiguration;
import org.apache.hadoop.hbase.client.Put;
import org.apache.hadoop.hbase.client.Scan;
import org.apache.hadoop.hbase.io.ImmutableBytesWritable;
import org.apache.hadoop.hbase.mapreduce.TableMapReduceUtil;
import org.apache.hadoop.mapreduce.Job;
import org.apache.hadoop.util.Tool;
import org.apache.hadoop.util.ToolRunner;
public class JobysMapreduce extends Configured implements Tool{

    public int run(String[] args) throws Exception {
        //得到 Configuration
        Configuration conf = this.getConf();
        //创建 Job 任务
        Job job = Job.getInstance(conf, this.getClass().getSimpleName());
        job.setJarByClass(JobysMapreduce.class);
        //配置 Job
        Scan scan = new Scan();
        scan.setCacheBlocks(false);
        scan.setCaching(500);
        //设置 Mapper，注意导入的是 mapreduce 包下的，不是 mapred 包下的，
        //后者是老版本
        TableMapReduceUtil.initTableMapperJob(
            "student",          //数据源的表名
            scan,               //scan 扫描控制器
            ReadysMapreduce.class,     //设置 Mapper 类
            ImmutableBytesWritable.class,  //设置 Mapper 输出 key 类型
            Put.class,//设置 Mapper 输出 value 值类型
            job//设置给哪个 JOB
        );
        //设置 Reducer
        TableMapReduceUtil.initTableReducerJob("student_mr",
WriteysReduce.class,job);
        //设置 Reduce 数量，最少 1 个
        job.setNumReduceTasks(1);
        boolean isSuccess = job.waitForCompletion(true);
        if(!isSuccess){
            throw new IOException("Job running with error");
        }
    return isSuccess ? 0 : 1;
    }
```

```
    public static void main( String[] args ) throws Exception{
        Configuration conf = HBaseConfiguration.create();
        conf.set("hbase.zookeeper.quorum", "slave0,slave1,slave2");
        int status = ToolRunner.run(conf, new JobysMapreduce(), args);
        System.exit(status);
    }
}
```

注意：如果待导入数据的表不存在，则需要提前创建。

单元小结

本单元主要介绍了MapReduce的相关内容和简单案例分析，通过对相关类的介绍，使学生能够编写自己的MapReduce程序。通过本单元的学习，可以令学生掌握HBase与MapReduce之间的关系，为后续复杂的HBase与MapReduce操作打下坚实基础。

课后练习

一、选择题

1. MapReduce核心思想：相同的key为一组，调用一次（　　）方法，方法内迭代这一组数据进行计算。

A. Reduce　　B. map　　C. Scan　　D. addColumn

2. 以下（　　）不是MapReduce的特点。

A. 它是一种分布式计算模型

B. MapReduce将这个并行计算过程抽象到两个函数

C. 查询分为单条随机查询和批量查询

D. 一个简单的MapReduce程序只需要指定map()、reduce()、input和output操作，剩下的事由框架完成

3. 要为MapReduce作业提供它们所需的访问权限，可以将（　　）添加到$HADOOP_HOME/conf。

A. hbase-site.xml　　B. hbase-dfs.xml　　C. yarn-site.xml　　D. mapred-site.xml

二、填空题

1. MapReduce核心功能是将________和自带默认组件整合成一个完整的分布式运算程序。

2. 默认情况下，部署到MapReduce集群的MapReduce作业无权访问$ HBASE_CONF_DIR下的________。

3. 使用HBase作为数据源Map阶段，从HBase表中读取的作业以[rowkey:scan result]格式接收[k1,v1]键值对，对应的类型是ImmutableBytesWritable和________。

单元 6
HBase 预分区

HBase 表被创建时，只有 1 个 Region，这个 Region 的 rowkey 是没有边界的，即没有 startkey 和 endkey。在写入数据时，所有数据都会写入这个默认的 Region。当一个 Region 过大达到默认的阈值时（默认 10 GB 大小），HBase 中该 Region 将会进行 split（分裂），分裂为 2 个 Region，依此类推。数据往一个 Region 上写，会有写热点问题。表在进行 split 时，会耗费大量的集群 I/O 资源，频繁的分区对 HBase 的性能有巨大的影响。

所以，HBase 提供了预分区功能，即用户可以在创建表时对表按照一定的规则分区。创建多个空 Region，表会被托管在 RegionServer 中。

Region 有 2 个重要的属性：startKey 与 endKey，这两个属性表示这个 Region 维护的 rowKey 范围，当用户要读 / 写数据时，如果 rowKey 落在某个 start-end key 范围内，就会定位到目标 Region，并且读 / 写到相关的数据。这样只要 rowkey 设计能均匀地命中各个 Region，就不会存在写热点问题。

预分区的作用是增加数据读 / 写效率，负载均衡，防止数据倾斜，方便集群容灾调度 Region、优化 Map 数量等。

那么如何进行预分区呢？需要充分考虑 rowkey 的分布做出合理的预分区方案，要考虑的点包括 Region 的个数、Region 的大小等。每一个 Region 维护着 startRowKey 与 endRowKey，如果加入的数据符合某个 Region 维护的 rowKey 范围，则该数据交给这个 Region 维护。

学习目标

视频

HBase 预分区

【知识目标】

- 了解为什么要预分区。
- 掌握如何进行预分区。
- 熟悉 rowkey 预分区的设计。

【能力目标】

- 能够熟练使用 HBase Shell 手动指定预分区。
- 能够熟练运用 HBase Shell 使用算法进行预分区。
- 能够使用 Java API 创建预分区。

任务 6.1 HBase Shell 手动指定预分区

任务目标

①了解HBase Shell手动预分区的方法。

②掌握HBase Shell预分区参数的使用。

③重点掌握明确rowkey的取值范围或构成逻辑，根据rowkey的组成划分合适的范围。

知识学习

1.创建表

使用HBase Shell create命令创建表，添加SPLITS=>参数。创建属于名称空间ns1的表t1，列簇为f1，手动指定预分区：

```
create 't1', 'f1', SPLITS => ['10', '20', '30', '40']
```

利用上述命令创建表，会将rowKey预先分割为 -10,10-20,20-30,30-30,40- 五个区域。除了第一个Region没有startKey，最后一个没有endKey之外，每个Region都有startKey和endKey：

第一个Region：to 10。

第二个Region：10 to 20。

第三个Region：20 to 30。

第四个Region：30 to 40。

第五个Region：40 to。

2.分区规则创建于文件中

创建splits.txt文件，文件内容如下：

```
1111
2222
3333
4444
```

然后执行如下代码：

```
create 't1', 'f1', SPLITS_FILE => 'splits.txt',
```

该命令是根据文件splits.txt内容进行rowkey区域分割。

任务实施

以下是基于员工表employee的预分区操作，通过employee员工表的员工编号进行Region划分存储。

HBase Shell手动指定预分区

以员工表employee的rowkey组成为例，员工编号为5是数值型字符串，于是划分了5个Region来存储数据，每个Region对应的rowKey范围如下：

第一个Region：to 10。

第二个 Region：10 to 20。

第三个 Region：20to 30。

第四个 Region：30to40。

第五个 Region：40to。

打开系统终端，进入HBase Shell输入以下命令来创建表进行预分区：

```
create 'employee','info',SPLITS=>['10','20','30','40']
```

查看结果，在终端输入命令 describe 'employee' 可以查看表的创建结果，如图 6-1 所示。

```
hbase(main):006:0> describe 'employee'
Table employee is ENABLED
employee
COLUMN FAMILIES DESCRIPTION
{NAME => 'info', DATA_BLOCK_ENCODING => 'NONE', BLOOMFILTER => 'ROW', REPLICATION_SCOPE
 => '0', VERSIONS => '1', COMPRESSION => 'NONE', MIN_VERSIONS => '0', TTL => 'FOREVER',
 KEEP_DELETED_CELLS => 'FALSE', BLOCKSIZE => '65536', IN_MEMORY => 'false', BLOCKCACHE
=> 'true'}
1 row(s) in 0.0780 seconds

hbase(main):007:0>
root@slave0:/opt/module/hbase-1.···                                              1 / 4
```

图6-1　创建结果

同样图 6-2 也可以在 Web 页面查看详细信息，在浏览器输入 http://slave0:16010，将看到如图 6-2 所示信息，可以看出表 employee 在线的 Region 有 5 个。

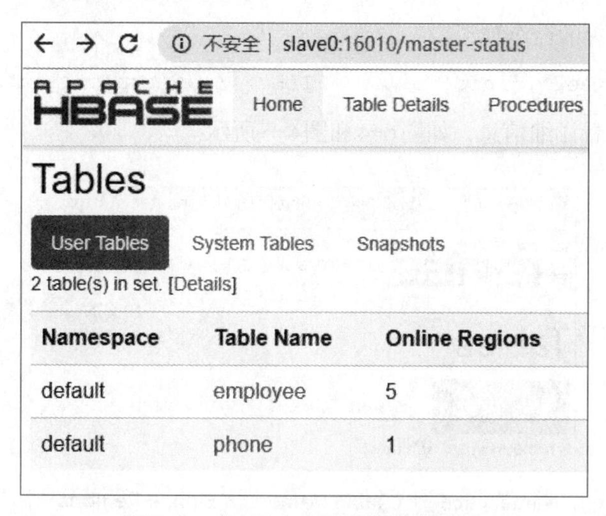

图6-2　在Web页面查看详细信息

单击表名可以看到详细信息、每个 Region 所在的节点位置，以及它的 startKey 和 endKey，如图 6-3 所示。

Table Regions

Name	Region Server	Start Key	End Key
employee,,1561514976842.da00427a7516b36e478647046755721 7.	slave2:16030		10
employee,10,1561514976842.fcf60eb897be8c5bcd5f4a22728a40ed.	slave0:16030	10	20
employee,20,1561514976842.44006b740247fc8934057b4146902dee.	slave1:16030	20	30
employee,30,1561514976842.5fe27e625685b47f98024a48f9ee6390.	slave1:16030	30	40
employee,40,1561514976842.b69f67b9b0e7551800aa989ada69a9d1.	slave0:16030	40	

图6-3　表名的详细信息

现在如果插入的数据rowKey为25，则根据上面的分区结果会放到节点slave1中。

如果想分区划分需要用到的文件，可以提前准备好文件splits.txt，内容如下：

```
[root@slave0 txt]# cat splits.txt
10
20
30
40
```

在终端输入创建表的命令如下：

```
create 'employee2','info',SPLITS_FILE=>'/opt/txt/splits.txt'
```

在Web小页面查看详细信息，如图6-4和图6-5所示。

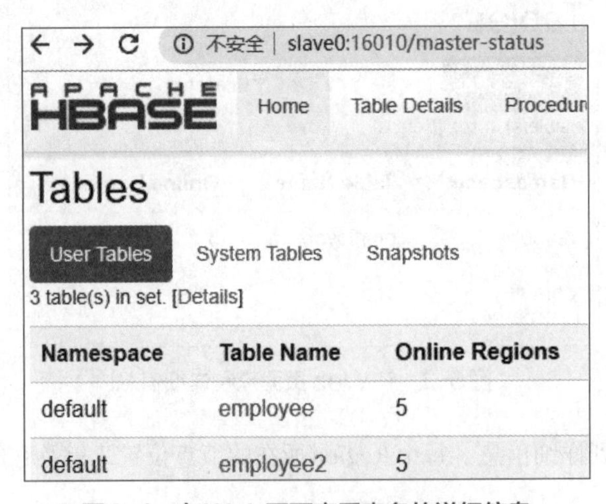

图6-4　在Web页面查看表名的详细信息

← → C ⓘ 不安全 | slave0:16010/table.jsp?name=employee2

APACHE HBASE Home Table Details Procedures Local Logs Log Level Debug Dump Metrics Du

Table Regions

Name	Region Server	Start Key	End Key
employee2,,1561517133115.c7097ec4180b7ca39fe7e8f6781b60b0.	slave1:16030		10
employee2,10,1561517133115.dc581fdf6ff0b5d529e2a891f6b2564e.	slave2:16030	10	20
employee2,20,1561517133115.620e392bf4cfed266c4fbb0ac2ac49bb.	slave1:16030	20	30
employee2,30,1561517133115.c98d8aaa4622f8bad3d04e2c7aaa8795.	slave0:16030	30	40
employee2,40,1561517133115.71a3b95eea1c49e5847973c1cf966f17.	slave2:16030	40	

图6-5 在终端创建的表名的详细信息

任务 6.2 HBase Shell 使用算法指定预分区

任务目标

使用HBase Shell命令在创建表时进行预分区。首先要明确rowkey的取值范围或构成逻辑，根据rowkey的组成划分合适的范围，然后在终端输入命令创建表时进行预分区。

知识学习

HBase Shell create命令的学习：

（1）使用十六进制算法生成预分区

```
create 't1', 'f1', {NUMREGIONS =>5, SPLITALGO => 'HexStringSplit'}
```

该命令的含义是创建属于默认名称空间的表t1，列簇为f1，rowKey按照十六进制字符串将表分为5个分区。

（2）使用随机字节生成预分区

```
create 't2','f1', { NUMREGIONS => 4 , SPLITALGO => 'UniformSplit' }
```

该命令的含义是创建属于默认名称空间的表t1，列簇为f1，rowKey基于随机字节创建4个分区。

任务实施

HBase Shell使用十六进制算法指定预分区

打开系统终端，进入HBase Shell输入以下命令来创建表进行预分区：

```
create 'employee3','info',{NUMREGIONS => 5, SPLITALGO =>
'HexStringSplit'}
```

上段代码使用十六进制字符串创建表employee3，并分5个分区。

查看结果，在浏览器输入http://slave0:16010，Web页面可以看到创建之后的详细信息，如图6-6所示。

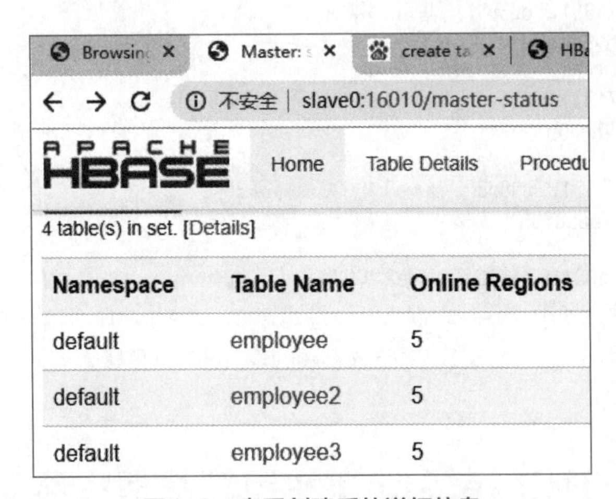

图6-6　查看创建后的详细信息

可以看出employee有5个在线分区。每个分区的startKey和endKey，如图6-7所示。

Table Regions

Name	Region Server	Start Key	End Key
employee3,,1561519794711.892a02a0bf20146b0ab4dd8b9f3b0f53.	slave0:16030		33333333
employee3,33333333,1561519794711.08d80946ddbfa66385ea440d0296da18.	slave2:16030	33333333	66666666
employee3,66666666,1561519794711.8e21c65e9b63e79797ca915f7812af36.	slave0:16030	66666666	99999999
employee3,99999999,1561519794711.dd0813dba1892be93e1fc2486093e0cf.	slave2:16030	99999999	cccccccc
employee3,cccccccc,1561519794711.e77c7ea50c183a45ccfc0378564042b9.	slave1:16030	cccccccc	

图6-7　查看详细表的结果

任务 6.3 Java API 创建预分区

任务目标

使用Java API创建预分区。首先创建employee4表，然后对employee4表使用Java API进行分区，使rowkey的组成划分合适的范围，最后在Web页面查看详细信息。

知识学习

相关Java核心代码如下：

① 自定义算法，产生一系列Hash散列值存储在二维数组中。

```
byte[][] splitKeys = 某个散列值函数
```

② 创建HBaseAdmin实例。

```
HBaseAdmin hAdmin = new HBaseAdmin(HBaseConfiguration.create());
```

③ 创建HTableDescriptor实例。

```
HTableDescriptor tableDesc = new HTableDescriptor(tableName);
```

④ 通过HTableDescriptor实例和散列值二维数组，创建带有预分区的HBase表。

```
hAdmin.createTable(tableDesc, splitKeys);
```

任务实施

JavaAPI创建预分区

打开Eclipse，创建Java Project并创建HBaseDemo类，如图6-8所示。

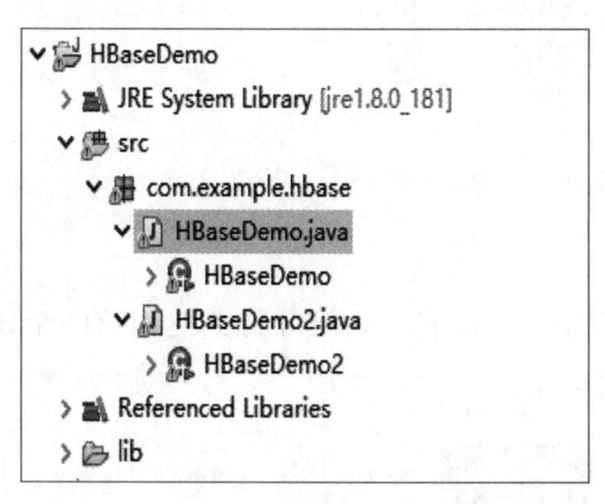

图6-8 创建新项目

Java源代码如下：

```
package com.example.hbase;
import java.io.IOException;
import org.apache.hadoop.conf.Configuration;
import org.apache.hadoop.hbase.HColumnDescriptor;
import org.apache.hadoop.hbase.HTableDescriptor;
import org.apache.hadoop.hbase.MasterNotRunningException;
```

```
import org.apache.hadoop.hbase.TableName;
import org.apache.hadoop.hbase.ZooKeeperConnectionException;
import org.apache.hadoop.hbase.client.HBaseAdmin;
import org.apache.hadoop.hbase.client.HTable;
import org.apache.hadoop.hbase.util.Bytes;
publicclass HBaseDemo2 {
    @SuppressWarnings("deprecation")
    publicstaticvoid main(String[] args) throws Exception {
        // 自动生成方法存根
        HBaseAdmin admin;
        HTable htable;
        String TN = "employee4";
        Configuration conf = new Configuration();
        conf.set("hbase.zookeeper.quorum", "slave0,slave1,slave2");
        admin = new HBaseAdmin(conf);
        htable = new HTable(conf, TN.getBytes());
        if (admin.tableExists(TN)) {
            admin.disableTable(TN);
            admin.deleteTable(TN);
        }
        // 表描述
        HTableDescriptor desc = new HTableDescriptor(TableName.valueOf(TN));
        HColumnDescriptor cf = new HColumnDescriptor("cf".getBytes());
        desc.addFamily(cf);
        byte[][] splitKeys = {
            Bytes.toBytes("10"),
            Bytes.toBytes("20"),
            Bytes.toBytes("30"),
            Bytes.toBytes("40"),
        };
        admin.createTable(desc,splitKeys);
    }
}
```

在Web页面查看详细信息，表employee4已经创建，并且有5个分区，如图6-9所示。

Tables

User Tables　System Tables　Snapshots

5 table(s) in set. [Details]

Namespace	Table Name	Online Regions
default	employee	5
default	employee2	5
default	employee3	5
default	employee4	5

图6-9　Web页面查看详细信息

具体分区的信息如图6-10所示。

Table Regions

Name	Region Server	Start Key	End Key
employee4,,1561528120958.f1a649cb6509c9e1efab5c0b3dfced9b.	slave1:16030		10
employee4,10,1561528120958.f1318d34e0caba2f90295fd355e98f6e.	slave1:16030	10	20
employee4,20,1561528120958.89f4513081c61dfc201dc0543275289e.	slave2:16030	20	30
employee4,30,1561528120958.05df6e575bd3e98116a942adf93536a1.	slave0:16030	30	40
employee4,40,1561528120958.504cdf6f26104c1d099ed73426be643f.	slave0:16030	40	

图6-10 具体分区的信息

任务 6.4 预分区 rowkey 设计技巧

任务目标

任务6.1、任务6.2和任务6.3中，介绍了如何进行预分区，其中最重要的就是如何规划rowkey的范围。由于业务数据一般都是从小到大增长的，根据上面HBase的Region规则，就会出现“热点写”问题。随着系统的运营，数据总是会往最大的startKey所在的Region里写，因为rowkey总是会比之前的大，并且HBase是按升序方式排序的，所以写操作总是被定位到无上界的那个Region中。

由于写热点，总是往最大startKey的Region写记录，之前分裂出来的Region不会再被写数据，都处于半满状态，这样的分布也是不利的。如果在写比较频繁的场景下，数据增长快，split的次数也会增多。由于split是比较耗时耗资源的，所以用户并不希望这种事情经常发生。

在集群的环境中，为了得到更好的并行性，希望有好的负载均衡，让每个节点提供的请求处理都是均等的。用户也希望Region不要经常split，如何能做到呢？这就需要对rowkey进行设计，常见的思路是随机散列：哈希（hash）、分区（partition）。

知识学习

1. 哈希（hash）

哈希取业务id的哈希值作为rowkey，如hash（url）。hash就是rowkey前面由一串随机字符串组成，随机字符串生成方式可以由SHA或者MD5等方式生成，只要Region所管理的start-end keys范围比较随机，就可以解决写热点问题。

2. 分区（partition）

分区有点类似于MapReduce中的partitioner，将区域用长整数（Long）作为分区号，每个Region管理着相应的区域数据，在rowKey生成时，将id取模后，拼上id整体作为rowKey，splitKey直接是分区号即可。

任务实施

1. 哈希（hash）设计

假设rowkey原本是自增长的长整型数，可以将rowkey转为hash再转为bytes，加上本身id转为bytes，组成rowKey。这样就生成随机的rowkey。那么对于这种方式的rowkey设计，如何去进行预分区呢？

① 取样，先随机生成一定数量的rowKey，将取样数据按升序排序放到一个集合里。

② 根据预分区的Region个数，对整个集合平均分割，即是相关的splitKeys。

③ HBaseAdmin.createTable（HTableDescriptor tableDescriptor,byte[][] splitkeys）可以指定预分区的splitKey，即是指定Region间的rowkey临界值。

首先创建两个接口。创建SplitKeysCalculator 接口：

```
package com.example.hbase;
public interface SplitKeysCalculator {
    public byte[][] calcSplitKeys();
}
```

创建RowKeyGenerator 接口：

```
package com.example.hbase;
public interface RowKeyGenerator {
    byte [] nextId();
}
```

然后生成rowKey，代码如下：

```
package com.example.hbase;
import java.util.Random;
import org.apache.hadoop.hbase.util.Bytes;
import org.apache.hadoop.hbase.util.MD5Hash;
public class HashRowKeyGenerator implements RowKeyGenerator {
private long currentId = 1;
private long currentTime = System.currentTimeMillis();
private Random random = new Random();
publicbyte[] nextId() {
try {
            currentTime += random.nextInt(1000);
byte[] lowT = Bytes.copy(Bytes.toBytes(currentTime), 4, 4);
byte[] lowU = Bytes.copy(Bytes.toBytes(currentId), 4, 4);
return Bytes.add(MD5Hash.getMD5AsHex(Bytes.add(lowU, lowT)).substring(0,
8).getBytes(),Bytes.toBytes(currentId));
        } finally {
```

```
            currentId++;
        }
    }
}
```

生成splitKeys，代码如下：

```
package com.example.hbase;
import java.util.Iterator;
import java.util.TreeSet;
import org.apache.hadoop.hbase.util.Bytes;
public class HashChoreWorker implements SplitKeysCalculator{
    //随机取样数目
private int baseRecord;
    //RowKey 生成器
private RowKeyGenerator rkGen;
    //取样时，由取样数目及 Region 数相除所得的数量
private int splitKeysBase;
    //splitKeys 个数
private int splitKeysNumber;
    //由抽样计算出来的 splitKeys 结果
private byte[][] splitKeys;
public HashChoreWorker(int baseRecord, int prepareRegions) {
this.baseRecord = baseRecord;
        //实例化 RowKey 生成器
        rkGen = new HashRowKeyGenerator();
        splitKeysNumber = prepareRegions - 1;
        splitKeysBase = baseRecord / prepareRegions;
    }
publicbyte[][] calcSplitKeys() {
        splitKeys = new byte[splitKeysNumber][];
        //使用 treeset 保存抽样数据，已排序过
        TreeSet<byte[]> rows = new TreeSet<byte[]>(Bytes.BYTES_
COMPARATOR);
for (int i = 0; i < baseRecord; i++) {
            rows.add(rkGen.nextId());
        }
int pointer = 0;
        Iterator<byte[]> rowKeyIter = rows.iterator();
int index = 0;
while (rowKeyIter.hasNext()) {
byte[] tempRow = rowKeyIter.next();
            rowKeyIter.remove();
if ((pointer != 0) && (pointer % splitKeysBase == 0)) {
if (index < splitKeysNumber) {
                splitKeys[index] = tempRow;
                index ++;
            }
```

```
            }
            pointer ++;
        }
        rows.clear();
        rows = null;
return splitKeys;
    }
}
```

根据生成的splitKeys建表employee5，获得预分区的效果，具体代码如下：

```
package com.example.hbase;
import org.apache.hadoop.conf.Configuration;
import org.apache.hadoop.hbase.HColumnDescriptor;
import org.apache.hadoop.hbase.HTableDescriptor;
import org.apache.hadoop.hbase.TableName;
import org.apache.hadoop.hbase.client.HBaseAdmin;
import org.apache.hadoop.hbase.client.HTable;
publicclass HBaseDemo3 {
    @SuppressWarnings("deprecation")
    public static void main(String[] args) throws Exception {
        // 自动生成方法存根
        HBaseAdmin admin;
        HTable htable;
        String TN = "employee5";
        Configuration conf = new Configuration();
        conf.set("hbase.zookeeper.quorum", "slave0,slave1,slave2");
        admin = new HBaseAdmin(conf);
        htable = new HTable(conf, TN.getBytes());
        if (admin.tableExists(TN)) {
            admin.disableTable(TN);
            admin.deleteTable(TN);
        }
        // 表描述
        HTableDescriptor desc = new HTableDescriptor(TableName.
valueOf(TN));
        HColumnDescriptor cf = new HColumnDescriptor("info".getBytes());
        desc.addFamily(cf);
        HashChoreWorker worker = new HashChoreWorker(1000000,10);
        byte [][] splitKeys = worker.calcSplitKeys();
        admin.createTable(desc,splitKeys);
    }
}
```

在Web页面可以查看运行结果，如图6-11所示。

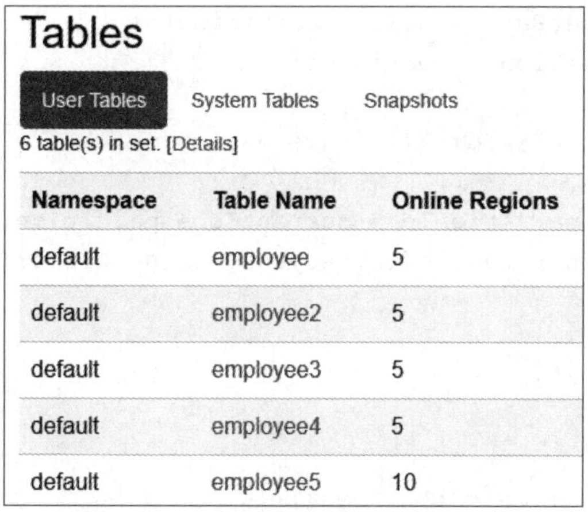

Tables

User Tables　System Tables　Snapshots

6 table(s) in set. [Details]

Namespace	Table Name	Online Regions
default	employee	5
default	employee2	5
default	employee3	5
default	employee4	5
default	employee5	10

图6-11　在Web页面查看运行结果

具体分区情况如图6-12所示。

← → C　ⓘ 不安全 | slave0:16010/table.jsp?name=employee5

APACHE HBASE　Home　Table Details　Procedures　Local Logs　Log Level　Debug Dump　Metrics Dump　HBase Configuration

Table Regions

Name	Region Server	Start Key	End Key
employee5,,1561533149870.98b07209dcf7e0cbd452a7f35b3716fe.	slave0:16030		199f11db\x00\x00\x00\x00\x00\x0C_<
employee5,199f11db\x00\x00\x00\x00\x00\x0C_<,1561533149870.a6f505aba317fcf8938e1155d284f752.	slave0:16030	199f11db\x00\x00\x00\x00\x00\x0C_<	33210805\x00\x00\x00\x00\x00\x03\xF9\x11
employee5,33210805\x00\x00\x00\x00\x00\x03\xF9\x11,1561533149870.d12b2f8a03826fcb6e761ef2ae24362e.	slave2:16030	33210805\x00\x00\x00\x00\x00\x03\xF9\x11	4cc1da58\x00\x00\x00\x00\x00\x04*\xB2
employee5,4cc1da58\x00\x00\x00\x00\x00\x04*\xB2,1561533149870.6685b7395cb885f27817bfa650090439.	slave0:16030	4cc1da58\x00\x00\x00\x00\x00\x04*\xB2	667e6ae1\x00\x00\x00\x00\x00\x03\xB8\x91
employee5,667e6ae1\x00\x00\x00\x00	slave1:16030	667e6ae1\x00\x00\x00\x00\x00\x03\x	7feb0fff\x00\x00\x00\x00\x00\x08/\x08

图6-12　具体分区情况

从上述一系列操作综合运行结果可以看出，rowkey的范围不再是简单的业务ID升序值了，这样便于更均衡地读/写。

2. 分区（partition）设计

与哈希设计分区大致一样，只需要添加一个类生成rowKey。代码如下：

```
package com.example.hbase;
import org.apache.hadoop.hbase.util.Bytes;
public class PartitionRowKeyManager implements RowKeyGenerator,
SplitKeysCalculator {
    public static final int DEFAULT_PARTITION_AMOUNT = 20;
    private long currentId = 1;
    private int partition = DEFAULT_PARTITION_AMOUNT;
```

```
    public void setPartition(int partition) {
        this.partition = partition;
    }
    public byte[] nextId() {
        try {
            long partitionId = currentId % partition;
            return Bytes.add(Bytes.toBytes(partitionId), Bytes.
toBytes(currentId));
        } finally {
            currentId++;
        }
    }
    public byte[][] calcSplitKeys() {
        byte[][] splitKeys = newbyte[partition - 1][];
        for (int i = 1; i < partition; i++) {
            splitKeys[i - 1] = Bytes.toBytes((long) i);
        }
        return splitKeys;
    }
}
```

根据生成的splitKeys建表employee6，获得预分区的效果，代码如下：

```
package com.example.hbase;
import org.apache.hadoop.conf.Configuration;
import org.apache.hadoop.hbase.HColumnDescriptor;
import org.apache.hadoop.hbase.HTableDescriptor;
import org.apache.hadoop.hbase.TableName;
import org.apache.hadoop.hbase.client.HBaseAdmin;
import org.apache.hadoop.hbase.client.HTable;
public class HBaseDemo4 {
    @SuppressWarnings("deprecation")
    public static void main(String[] args) throws Exception {
        // 自动生成方法存根
        HBaseAdmin admin;
        HTable htable;
        String TN = "employee6";
        Configuration conf = new Configuration();
        conf.set("hbase.zookeeper.quorum", "slave0,slave1,slave2");
        admin = new HBaseAdmin(conf);
        htable = new HTable(conf, TN.getBytes());
        if (admin.tableExists(TN)) {
            admin.disableTable(TN);
            admin.deleteTable(TN);
        }
        // 表描述
        HTableDescriptor desc = new HTableDescriptor(TableName.
valueOf(TN));
```

```
        HColumnDescriptor cf = new HColumnDescriptor("info".getBytes());
        desc.addFamily(cf);

        PartitionRowKeyManager rkManager = new PartitionRowKeyManager();
        //只预建10个分区
        rkManager.setPartition(10);
byte [][] splitKeys = rkManager.calcSplitKeys();
        admin.createTable(desc,splitKeys);
    }
}
```

在Web页面可以查看运行结果，如图6-13所示。

User Tables　System Tables　Snapshots

' table(s) in set. [Details]

Namespace	Table Name	Online Regions
default	employee	5
default	employee2	5
default	employee3	5
default	employee4	5
default	employee5	10
default	employee6	10

图6-13　在Web页面查看运行结果

具体分区情况如图6-14所示

Table Regions

Name	Region Server	Start Key	End Key
employee6,,1561534455817.0f1bbc5dcb41b474a9a215f774a1f9b5.	slave2:16030		\x00\x00\x00\x00\x00\x00\x00\x01
employee6,\x00\x00\x00\x00\x00\x00\x00\x01,1561534455817.fc3dc3211acc24c725a8785e12884684.	slave1:16030	\x00\x00\x00\x00\x00\x00\x00\x01	\x00\x00\x00\x00\x00\x00\x00\x02
employee6,\x00\x00\x00\x00\x00\x00\x00\x02,1561534455817.e98148afc07f5b7f9308f20f1d20042c.	slave0:16030	\x00\x00\x00\x00\x00\x00\x00\x02	\x00\x00\x00\x00\x00\x00\x00\x03
employee6,\x00\x00\x00\x00\x00\x00\x00\x03,1561534455817.2db7c72482b2fbc3b00b0c61b699412d.	slave1:16030	\x00\x00\x00\x00\x00\x00\x00\x03	\x00\x00\x00\x00\x00\x00\x00\x04
employee6,\x00\x00\x00\x00\x00\x00\x00\x04,1561534455817.e12c257c6b58fd8b6b3f1b2c7557e0d4.	slave0:16030	\x00\x00\x00\x00\x00\x00\x00\x04	\x00\x00\x00\x00\x00\x00\x00\x05
employee6,\x00\x00\x00\x00\x00\x00\	slave2:16030	\x00\x00\x00\x00\x00\x00\x00\x05	\x00\x00\x00\x00\x00\x00\x00\x06

图6-14　具体分区情况

单元小结

本单元介绍了HBase的预分区概念，以及如何进行预分区的常见方法，最后介绍了预分区的设计思路。通过本单元的学习，相信学生对预分区的概念有了一定了解，并且有了一定的思路进行表的设计。

课后练习

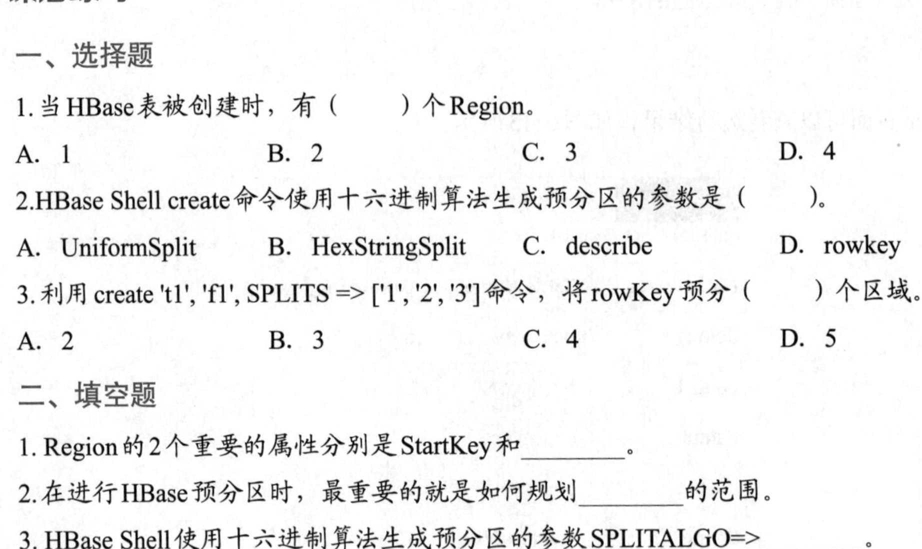

一、选择题

1. 当HBase表被创建时，有（　　）个Region。

A. 1　　B. 2　　C. 3　　D. 4

2. HBase Shell create命令使用十六进制算法生成预分区的参数是（　　）。

A. UniformSplit　　B. HexStringSplit　　C. describe　　D. rowkey

3. 利用create 't1', 'f1', SPLITS => ['1', '2', '3']命令，将rowKey预分（　　）个区域。

A. 2　　B. 3　　C. 4　　D. 5

二、填空题

1. Region的2个重要的属性分别是StartKey和________。

2. 在进行HBase预分区时，最重要的就是如何规划________的范围。

3. HBase Shell使用十六进制算法生成预分区的参数SPLITALGO=>________。

参 考 文 献

[1] 迪米达克 , 卡拉纳 . HBase 实战 [M]. 谢磊，译 . 北京：人民邮电出版社，2013.

[2] 乔治 . HBase 权威指南 [M]. 代志远，刘佳，蒋杰，译 . 北京：人民邮电出版社，2013.

[3] 杨曦 . HBase 不睡觉书 [M]. 北京：清华大学出版社，2013.